S
f°
46

AF329040

PROGRÈS ACCOMPLIS

DANS LA CULTURE DE LA BETTERAVE

ET DANS LA FABRICATION DU SUCRE

Sous l'influence de la loi de 1884

JUSTIFIÉS PAR LA COMPOSITION DES MASSES CUITES DE 1ᵉʳ JET

PENDANT LES CAMPAGNES 1884-85 A 1886-87

Par Hippolyte LEPLAY

PARIS

IMPRIMERIE SYSTÉMATIQUE DE ROTHSCHILD

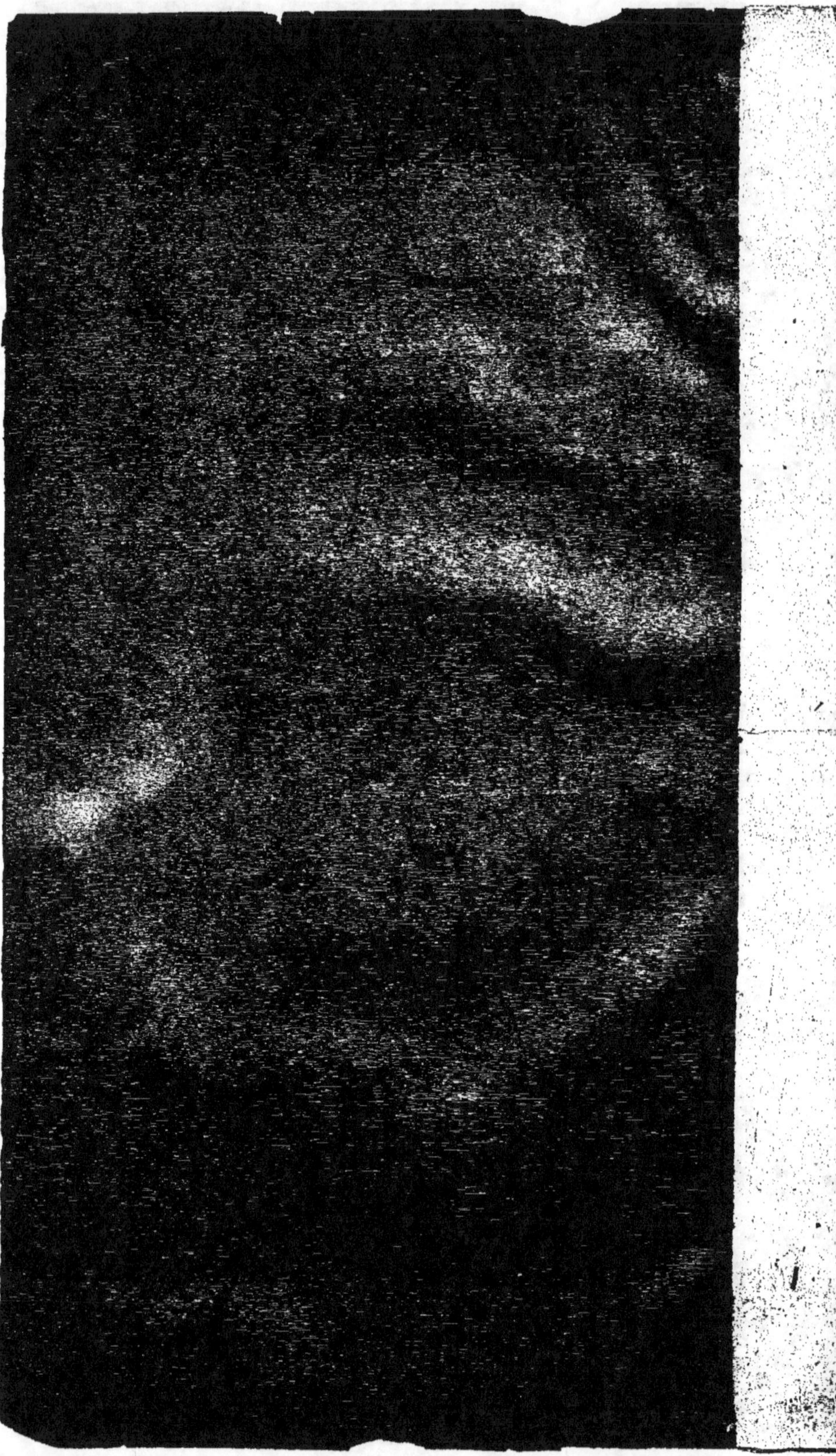

PROGRÈS ACCOMPLIS

DANS LA CULTURE DE LA BETTERAVE

ET DANS LA FABRICATION DU SUCRE

Sous l'influence de la loi de 1884

JUSTIFIÉS PAR LA COMPOSITION DES MASSES CUITES DE 1er JET

PENDANT LES CAMPAGNES 1884-85 A 1886-87

Par Hippolyte LEPLAY

PARIS

IMPRIMERIE TYPOGRAPHIQUE DE P. DUBREUIL

18 ET 18 BIS, RUE DES MARTYRS

—

1888

DANS LA CULTURE DE LA BETTERAVE

ET DANS LA FABRICATION DU SUCRE

Sous l'influence de la loi de 1884

JUSTIFIÉS PAR LA COMPOSITION DES MASSES CUITES DE 1ᵉʳ JET

PENDANT LES CAMPAGNES 1884-85 A 1886-87

Par Hippolyte LEPLAY.

I

ANALYSE CHIMIQUE INDUSTRIELLE DES MASSES CUITES DE 1ᵉʳ JET.

Les masses cuites de 1ᵉʳ jet sont représentées dans leur composition chimique par le sucre extrait des betteraves et par les matières étrangères au sucre, le *non-sucre*, que les procédés employés dans la fabrication ont été impuissants à éliminer.

Les nombreuses altérations du sucre cristallisable et les vices de constitution que nous avons eu l'occasion de constater dans les mélasses qui nous ont été envoyées, pour être analysées au point de vue de l'application de l'osmose, nous ont engagé à adresser dans la fabrication du sucre en France, au commencement de la campagne de 1884 à 1885, une note contenant les passages suivants :

« Pour faire saisir les renseignements que doit fournir l'analyse chimique industrielle bien comprise et son degré d'utilité dans la direction de la fabrication en vue d'obtenir le maximum de sucre, nous prendrons comme exemple l'analyse des masses cuites de 1ᵉʳ jet.

» L'analyse des masses cuites de 1ᵉʳ jet doit servir :

» 1° A rectifier le travail dans les opérations qui précèdent la cuite de 1ᵉʳ jet, s'il est défectueux ;

» 2° A assurer le travail des bas produits au point de vue de la suppression complète de la mélasse par l'osmose ;

» 3° A établir d'une manière incontestable la quantité de sucre que cette massse cuite doit fournir en 1er, 2° et 3° jets, la quantité de sucre à l'état de mélasse et, par suite, la quantité de mélasse qu'elle renferme ;

» 4° A déterminer la quantité de sucre que cette mélasse doit donner par l'osmose perfectionnée bien pratiquée.

» Les résultats obtenus de l'analyse des masses cuites de 1er jet, exécutée à ces quatre points de vue, doivent permettre de renseigner le fabricant sur les difficultés qui peuvent se présenter, sur les fautes qui peuvent être commises dans la fabrication, sur les moyens à employer pour les éviter et pour ramener le travail à la perfection sur le rapport du rendement en sucre en 1er, 2° et 3° jets et en mélasse ; enfin, sur l'extraction du sucre des mélasses par l'osmose, dont les résultats peuvent être constants et assurés avec une mélasse provenant d'un bon travail de fabrication.

» Le fabricant de sucre doit y trouver, en outre, l'avantage de connaître à l'avance la quantité de sucre que chaque masse cuite de 1er jet doit lui donner par hectolitre en 1er, 2° et 3° jets, la quantité de sucre enchaîné à l'état de mélasse et la quantité de sucre que cette mélasse doit donner à l'osmose. »

Notre appel fut entendu : un assez grand nombre de fabricants de sucre comprirent l'importance de la question et nous envoyèrent des échantillons de leurs masses cuites de 1er jet dès le début de la campagne de 1884 à 1885, et continuèrent pendant la campagne de 1885-1886 et celle de 1886-1887.

Les nombreuses analyses de masses cuites de 1er jet que nous avons été amené à faire dans ces trois campagnes nous permettent d'établir des points de comparaison qui peuvent faire saisir et définir l'influence de la nouvelle législation sur la composition des masses cuites de 1er jet et par suite, les progrès accomplis dans la fabrication du sucre et dans la culture de la betterave.

Nous disons « dans la culture de la betterave », car, les procédés de fabrication compris entre le jus obtenu et les masses cuites de 1er jet étant restés les mêmes, les différences que peuvent présenter les masses cuites de 1er jet ne peuvent être attribuées aux procédés, mais exclusivement à la betterave.

On pourrait attribuer ces différences à ce que, depuis la loi de 1884, la diffusion a été introduite dans un grand nombre de sucreries ; mais il est reconnu que la diffusion donne généralement des masses cuites de 1er jet moins pures que les presses primitivement employées.

La loi de 1884 n'ayant été rendue que le 29 juillet 1884, n'a pu avoir d'influence sur la culture de la betterave ensemencée en avril, c'est-à-dire quatre mois avant l'adoption de la loi ; par conséquent on peut prendre les betteraves travaillées dans la campagne de 1884 à 85 comme établissant ce qu'était la betterave avant la législation de 1884 et ce qu'elle est devenue dans les campagnes de 1885 à 86, et de 1886 à 87.

La plupart des chimistes de sucrerie se bornent, comme moyen d'analyse, à déterminer dans les matières sucrées en cours de travail, jus, sirops et masses cuites, le quotient de pureté, c'est-à-dire le rapport du sucre aux matières étrangères (non-sucre) contenu dans 100 parties de matière sèche.

La matière sèche se dose par deux procédés : l'un par les différents saccharomètres qui ne sont que des aréomètres dont on a pris pour base de la graduation une dissolution de sucre pur ; — c'est un moyen très rapide approximatif tout à fait insuffisant et qui ne peut être recommandé.

Le dosage de la matière sèche par dessiccation est plus exact, mais il a l'inconvénient de doser les matières étrangères, le *non-sucre* en bloc pour ainsi dire à l'état brut, et ne peut servir qu'à établir des rapports de pureté ou d'impureté entre les liquides sucrés examinés, mais qui devient tout à fait insuffisant pour éclairer et diriger les opérations dans la fabrication du sucre.

En effet le *non-sucre*, dosé en bloc, est composé d'un ensemble de principes que l'analyse doit prendre pour but de faire connaître ; les uns peuvent provenir directement de la betterave elle-même et leur détermination par l'analyse peut servir à en comparer et en apprécier l'influence dans la production de la mélasse, les autres ont pris naissance dans les opérations de la fabrication, et leur détermination peut faire connaître soit la mauvaise application des procédés employés, soit l'imperfection des procédés eux-mêmes et permettre d'indiquer les moyens d'en rectifier l'application ou d'en éviter les mauvais effets.

Le quotient de pureté est donc tout à fait insuffisant pour étudier ces questions ; il faut avoir recours à des procédés d'analyse plus parfaits pour pénétrer plus profondément dans la composition du *non-sucre* et résoudre la question posée en tête de cette étude se résumant à la détermination de l'influence de la loi de 1884 sur la composition des masses cuites de 1er jet et, par suite, des progrès accomplis dans la culture de la betterave au point de vue de la fabrication du sucre.

Nous avons appliqué aux masses cuites de 1er jet le procédé d'analyse chimique industrielle que nous avons développé dans le 1er volume de l'ouvrage que nous publions sous le titre : *Chimie théorique et pratique des industries du sucre*, procédé d'analyse qui nous est si utile pour diriger dans une bonne voie les opérations d'osmose.

Les masses cuites de 1er jet produites pendant les campagnes de 1884 à 85 —de 1885 à 86 — de 1886 à 87, sur lesquelles l'analyse a été faite, ont été divisées en 4 séries.

La 1re série comprend les masses cuites de 1er jet produites dans la même sucrerie dans chacune de ces 3 campagnes ; les résultats de ces analyses comparés entre eux peuvent servir à établir les différences qu'elles présentent dans leur composition pour chacune de ces trois campagnes sous l'influence d'une même fabrication et d'un même milieu de culture.

La 2me série ne contient que des masses cuites produites dans les mêmes sucreries pendant la campagne de 1884 à 85 et celle de 1886 à 87 ; n'ayant pas eu l'occasion d'analyser de masses cuites de 1er jet produites dans les mêmes fabriques pendant la campagne de 1885 à 1886, la comparaison ne pourra s'établir qu'entre les nombres fournis par les masses cuites produites dans les deux campagnes extrêmes.

La 3me série comprend des masses cuites produites également dans les mêmes fabriques dans les campagnes de 1885 à 86 — et de 1886 à 87.

La 4me série comprend les masses cuites obtenues dans les fabriques répandues dans divers départements pendant les campagnes de 1884 à 85 — de

1885 à 86 et de 1886 à 87 et dont les masses cuites de chaque campagne ne correspondent pas à la même fabrique et au même milieu de culture.

N'étant pas autorisé, et n'ayant pas demandé l'autorisation de publier les noms des différentes sucreries qui nous ont envoyé leurs masses cuites de 1er jet à analyser, nous les désignerons sous le nom du département où elles sont situées en mettant en regard le nombre d'analyses faites pour chaque campagne.

Les masses cuites analysées sont au nombre de 153, dont 58 ont été produites dans la campagne de 1884 à 85.

36 ont été produites dans la campagne de 1885 à 86.

59 ont été produites dans la campagne de 1886 à 87.

Ces masses cuites proviennent de 54 fabriques se répartissant ainsi dans chacune des quatre séries ci-dessus :

1re série. — Contenant 6 sucreries ayant fourni des masses cuites de 1er jet régulièrement pendant les 3 campagnes.

2e série. — Contenant 4 sucreries n'ayant fourni des masses cuites de 1er jet que pendant la 1re et la 3e campagne.

3e série. — Contenant 6 sucreries n'ayant fourni des masses cuites de 1er jet que pendant les 2e et 3e campagnes.

4e série. — Contenant 38 sucreries ayant fourni des échantillons isolés pendant chaque campagne.

Soit ensemble 54 sucreries situées dans les 13 départements suivants :

Seine-et-Marne	4
Somme	9
Côte-d'Or	2
Aisne	24
Eure	1
Marne	2
Seine-et-Oise	3
Aube	1
Pas-de-Calais	2
Oise	2
Nord	2
Eure-et-Loir	1
Saône-et-Loire	1

Ces 153 masses cuites représentent des quantités considérables de betteraves entrées en fabrication. En effet, chaque masse cuite ne représente pas seulement le travail d'une journée dans chaque fabrique ; mais plusieurs de nos correspondants, suivant nos conseils, nous ont envoyé l'échantillon moyen du travail d'une semaine, préférant à des analyses journalières, rapides, moins complètes, une analyse complète leur donnant des renseignements précis sur la valeur de leur travail, sur le rendement en sucre et en mélasse de leur masse cuite de 1er jet et sur la valeur de leurs bas produits au point de vue de l'application de l'osmose.

On peut donc considérer cet ensemble de masses cuites comme un spécimen suffisant pour représenter et faire apprécier l'état de la fabrication du sucre en France pendant les trois dernières campagnes de 1884 à 85, de 1885 à 86 et de 1886 à 87.

Le tableau suivant, n° 1, résume la moyenne des nombres obtenus dans les analyses faites sur les 153 masses cuites de 1er jet classées dans les quatre séries indiquées ci-dessus pendant les trois campagnes de 1884 à 1887.

TABLEAU

résumant la moyenne des nombres obtenus dans les analyses faites sur les 153 masses cuites de
départements différents pendant les 3 campagnes

Première série

Désignation de la série	Numéros d'ordre	DÉPARTEMENTS	CAMPAGNES	Masses cuites analysées	Sucre cristallisable dosé par rotation p. 100	Sucre cristallisable dosé par le cuivre après inversion	Sucre à l'état de glucose ou sans glucose (sans)	(avec)	Sucre à l'état de dérivés du glucose ou sans dérivés (sans)	(avec)	Sucre optiquement neutre	Cendres sulfuriques corrigées par 0,9	Alcali libre en degrés alcalimétriques
1	2	3	4	5	6	7	8		9		10	11	12
I	1	Seine-et-Marne	1884 à 85	10	80.36	82.82	9	1	1	9	2.46	6.12	7°59
»	»	»	1885—86	9	81.24	81.95	9		1	8	0.71	5.00	4.55
»	»	»	1886—87	11	85.24	85.52	11		7	4	0.28	3.61	6.27
I	2	Somme	1884—85	2	83.30	87.50	2			2	4.20	5.51	5
»	»	»	1885—86	1	83.70	84.00	1			1	0.30	4.10	2
»	»	»	1886—87	5	84.26	84.32	5		5		0.06	4.05	4.2
I	3	Côte-d'Or	1884—85	2	81.08	84.02	2			2	2.91	4.90	4.5
»	»	»	1885—86	5	81.74	82.54	5			5	0.80	4.12	5
»	»	»	1886—87	4	83.07	83.22	4		3	1	0.15	4.05	6.2
I	4	Aisne	1884—85	2	81.08	82.50	2			2	1.42	5.85	3
»	»	»	1885—86	1	83.00	83.20	1		1		0.20	3.80	4
»	»	»	1886—87	2	85.40	85.50	2			2	0.10	3.20	4.5
I	5	Seine-et-Marne	1884—85	2	83.75	86.10	2			2	2.35	4.97	7
»	»	»	1885—86	1	81.90	85.50	1			1	3.60	3.60	3.5
»	»	»	1886—87	1	84.00	84.20	1			1	0.20	3.60	4
I	6	Eure	1884—85	6	78.99	80.85	5	1		6	1.86	6.74	7.3
»	»	»	1885—86	2	80.18	84.06	1	1		2	3.88	6.03	6
»	»	»	1886—87	1	82.00	82.10	1		1		0.10	4.50	2
II	7	Marne	1884—85	7	79.77	82.06	7			7	2.29	6.14	4°2
»	»	»	1886—87	1	85.60	85.70	1		1		0.10	2.50	6
II	8	Somme	1884—85	5	80.18	83 10	3	2		5	2.92	6.32	6.8
»	»	»	1886—87	1	83.80	83.95	1		1		0.15	4.70	6
II	9	Seine-et-Oise	1884—85	1	78.40	82.00	1			1	3.60	6.08	3
»	»	»	1886—87	2	83.70	83.75	2		1	1	0.05	4.25	5.5
II	10	Aisne	1884—85	2	78.85	81.76	2			1	2.91	6.37	6.5
»	»	»	1886—87	1	82.60	82.80	1			1	0.20	4.70	4

Deuxième série

N° 1.

1er jet classées dans les 4 séries indiquées ci-dessus, produites dans 54 sucreries situées dans 13
de 1884 à 1887, pour 100 de masse cuite.

Série

Chlorure de potassium (13)	Nitrate de potasse (14)	Chaux dans les sels (15)	Eau (16)	Caractères de la dessiccation avec ou sans mousse — sans (17)	— avec (17)	Matières organiques (18)	Non-sucre p. 100 de sucre (19)	Quotient de pureté (20)	Coefficient salin (21)	Sucre libre cristallisable en 1er, 2e et 3e jets par hectolitre (22)	Mélasse à 50 p.100 de sucre par hectolitre (23)	Matières organiques p. 100 de sucre (24)	Matières organiques p. 100 de cendres (25)
1.39	0.90	0.11	3.65	9	1	9.91	19.12	83.65	13.13	91.35	66.40	12.33	161.92
»	» »	0.09	6.72	9			14.82	87.09	16.24	98.80	54.24		
0.43	0.17	0.04	6.63	11		4.50	9.53	90.32	23.61	112.54	39.16	5.27	127.42
1.36	0.75	0.06	4.00	2		7.18	15.24	86.77	15.11	99.22	59.78	8.61	130.36
1.00	0.15	0.05	6.20	1		6.00	12.06	89.23	20.41	107.49	44.48	7.16	146.34
0.73	0.42	0.05	7.40	5		4.29	12.74	90.99	20.80	108.62	43.92	5.29	105.92
0.63	2.00	0.09	4.25	1	1	9.70	18.09	84.67	16.54	99.09	53.16	11.96	197.95
0.48	» ·	0.05	7.60	5		6.63	13.04	88.46	19.83	104.34	44.70	8.11	160.92
0.38	Traces	0.08	8.50	4		4.37	10.14	90.78	20.51	106.73	43.92	5.26	107.90
1.04	1.55	0.08	4.62	2		8.44	17.63	85.07	13.85	97.44	56.46	14.09	144.27
0.60		0.05	9.00	1		4.20	9.63	91.20	21.84	108.04	41.22	5.06	110.52
0.50		0.04	8.50	2		2.90	7.14	93.33	26.68	115.01	34.72	3.39	90.62
1.05	0.82	0.07	3.75	2		7.52	14.92	86.75	16.85	106.35	46.92	8.97	151.30
0.63		0.03	5.50	1		8.00	14.16	87.59	22.75	107.41	39.06	9.76	222.22
0.55	0.20	0.03	8.00	1		4.40	9.52	91.30	23.33	110.67	39.06	5.23	122.22
1.54	0.73	0.29	3.75	3	2	10.49	21.85	82.06	11.71	85.89	73.08	13.28	155.63
1.26	0.49	0.24	5.25	1	1	8.53	18.17	84.62	13.29	92.56	65.42	10.63	141.45
0.50	0.35	0.15	7.00	1		6.50	13.41	88.17	18.22	102.69	48.82	7.92	114.44

Série

Chlorure de potassium (13)	Nitrate de potasse (14)	Chaux dans les sels (15)	Eau (16)	Caractères de la dessiccation avec ou sans mousse — sans (17)	— avec (17)	Matières organiques (18)	Non-sucre p. 100 de sucre (19)	Quotient de pureté (20)	Coefficient salin (21)	Sucre libre cristallisable en 1er, 2e et 3e jets par hectolitre (22)	Mélasse à 50 p.100 de sucre par hectolitre (23)	Matières organiques p. 100 de sucre (24)	Matières organiques p. 100 de cendres (25)
1.20	1.08	0.18	4.48	6	1.	9.59	19.74	83.51	12.99	90.34	66.60	12.02	156.18
0.40	0.15	0.06	9.00	1		2.90	6.30	94.06	34.24	119.12	27.12	3.38	116.00
1.22	1.73	0.08	3.20	5		10.08	20.72	82.83	12.68	89.99	68.56	12.57	175.31
0.60	0.45	0.02	7.00	1		4.50	10.97	90.10	17.82	104.40	50.98	5.36	95.74
1.69	0.40	0.27	6.05		1	9.50	19.82	83.44	12.89	88.54	65.96	12.11	156.24
0.70		0.06	7.50	2		4.55	10.52	90.48	19.64	106.68	46.10	5.43	107.0
1.27	0.41	0.23	5.50	1	1	9.27	19.84	83.43	12.22	87.66	69.10	11.75	145.5
0.50		0.05	7.00	1		5.70	12.68	88.81	17.57	102.54	50.98	6.90	121.27

Troisième

Désignation de la série	Numéros d'ordre	DÉPARTEMENTS	CAMPAGNES	Masses cuites analysées	Sucre cristallisable dosé par rotation p. 100	Sucre cristallisable dosé par le cuivre après inversion	Sucre à l'état ce glucose ou sans glucose		Sucre à l'état de dérivés du glucose ou sans dérivés		Sucre optiquement neutre	Cendres sulfuriques corrigées par 0,9	Alcali libre en degrés alcalimétriques
							sans	avec	sans	avec			
1	2	3	4	5	6	7	8		9		10	11	12
(3)	11	Somme	1885 à 86	6	82.55	83.23	6			6	0.68	4.63	3°4
»	»	»	1886—87	2	83.25	83.22	2			2	0 00	4.30	5.5
III	12	Somme	1885 - 86	2	77.80	77.50	2			2	0.00	5.25	1.50
»	»	»	1886—87	2	83.70	83.70	2		1	1	0.00	3.30	4.5
III	13	Aube	1885—86	1	80.10	80.25	1			1	0.15	5.10	4
»	»	»	1886—87	2	82.40	82.65	2		1	1	0.25	4.05	7
III	14	Seine-et-Oise	1885—86	1	81.10	81.50	1			1	0.40	4.00	3
»	»	»	1886 - 87	1	82.80	82.90	1		1		0.10	4.50	3
III	15	Aisne	1885 - 86	1	81.90	82.00	1		1		0.10	4.50	4
»	»	»	1886—87	1	85.50	85.60	1		1		0.10	3.60	5
III	16	Seine-et-Oise	1885—86	1	83.70	84.00	1			1	0.30	3.85	3
»	»	»	1886—87	1	86.40	86.50	1			1	0.10	3.85	8

Quatrième

Désignation de la série	Numéros d'ordre	DÉPARTEMENTS	CAMPAGNES	Masses cuites analysées	Sucre cristallisable dosé par rotation p. 100	Sucre cristallisable dosé par le cuivre après inversion	Sucre à l'état ce glucose ou sans glucose		Sucre à l'état de dérivés du glucose ou sans dérivés		Sucre optiquement neutre	Cendres sulfuriques corrigées par 0,9	Alcali libre en degrés alcalimétriques
							sans	avec	sans	avec			
IV	17	Aisne	1884—85	13	81.53	83.15	13		3	10	1.62	5.78	4°7
»	»	»	1885—86	4	82.15	83.68	4			4	1.53	4.66	2.7
»	»	»	1886—87	5	84.60	84.54	5		2	3	0.00	3.30	5
IV	18	Pas-de-Calais	1884—85	2	81.52	82.30	2		2		0.78	5.62	7
IV	19	Seine-et-Marne	1884—85	1	80.19	83.15	1			1	2.96	5.15	3.5
»	»	»	1886—87	1	86.40	86.50	1				0.10	4 20	5
IV	20	Oise	1884—85	1	82.25	85.55	1		1		3.30	5 85	9
»	»	»	1886—87	1	83.70	83.90	1		1		0.20	3.60	8
IV	21	Nord	1884—85	1	81.97	85.20	1			1	3.23	5.40	3
»	»	»	1886—87	1	80 20	80.35	1		1		0.15	4.70	5
IV	22	Somme	1884—85	1	74.84	79.33	1			1	4.49	6.12	2
»	»	»	1886—87	5	84.57	84.75	5		2	3	0.18	3.96	4.2
IV	23	Eure-et-Loir	1885—86	1	81.90	87.00	1			1	5.10	4.90	5
IV	24	Marne	1886—87	3	84.03	84.46	3			3	0.43	2.83	1.6
IV	25	Saône-et-Loire	1886—87	1	85.50	85.50	1			1	0.00	4.10	2
IV	26	Côte-d'Or	1886—87	4	83.47	83.63	4		2	2	0.16	4.12	3.7

série

Chlorure de potassium	Nitrate de potasse	Chaux dans les sels	Eau	Caractères de la dessiccation mousse ou sans mousse		Matières organiques	Non-sucre p. 100 de sucre	Quotient de pureté	Coefficient salin	Sucre libre cristallisable en 1er, 2e et 3e jets par hectolitre	Mélasse à 50 p. 100 de sucre par hectolitre	Matières organiques p. 100 de sucre	Matières organiques p. 100 de cendres
				sans	avec								
13	14	15	16	17		18	19	20	21	22	23	24	25
0.74	0.42	0.23	5.90	5	1	7.00	13.99	87.72	17.82	102.84	50.22	8.47	151.18
0.60	0.18	0.20	6.50	2		5.95	12.31	89.03	19.36	105.71	46.64	7.14	137.20
0.70	0.80	0.55	11.00	1	1	5.95	14.39	87.41	14.81	92.12	56.94	7.64	113.33
0.47	0.18	0.05	9.75	2		3.25	7 82	92.71	25.36	111.83	35.80	3.88	98.48
0.65		0.25	7.50	1		7.30	15.48	86.59	15.70	96.49	55.32	9.11	143.13
0.50		0.14	9.00	2		4.55	10.43	90.55	20.34	105.76	43.92	5.52	112.33
1.00		0.17	8.00	1		6.90	13.44	88.58	20.27	104.00	43.40	8.50	172.50
0.60		0.09	7.00	1		5.70	12.31	89.13	18.40	103.93	48.82	6.88	126.66
0.70	0.40	0.12	8.00	1		5.60	12.33	89.03	18.20	102.53	48.82	6.83	124.44
0.45	0.25	Traces	6.00	1		4.90	9.91	90.95	23.61	112.99	39.06	5.73	136.11
0.80		0.03	6.00	1		6.45	12.30	89.04	21.74	109.85	39.76	7.70	167.52
0.60	0.35	0.04	6.00	1		3.75	8.79	91.91	22.44	113.04	41.76	4.34	97.40

série

Chlorure de potassium	Nitrate de potasse	Chaux dans les sels	Eau	Caractères de la dessiccation (sans)	(avec)	Matières organiques	Non-sucre p. 100 de sucre	Quotient de pureté	Coefficient salin	Sucre libre cristallisable en 1er, 2e et 3e jets par hectolitre	Mélasse à 50 p. 100 de sucre par hectolitre	Matières organiques p. 100 de sucre	Matières organiques p. 100 de cendres
1.10	1 03	0.08	3.18	12	1	9.53	18.75	83.97	14.10	95.02	62.70	11.68	164.87
0.71	0.25	0.18	5.42	2	2	8.11	15.13	86.85	17.67	102.05	50.56	9.87	174.03
0.55	0.40	0.12	8.52	5		3.57	8.13	92.49	25.63	113.23	35.80	4.21	108.18
1 05	1.41	1.03	2.25			10.60	19.90	83.39	14.50	95.87	60.96	13.02	188.57
0.82	0.50	0.04	2.00			12.65	22.20	81.82	15.56	96.36	55.86	15.77	245.63
0.60	0.35	Traces	7.00			2.40	7.63	92.90	20.57	111.14	45.56	2.77	57.14
0 85	1.50	0.02	3.50			8.40	17.32	85.23	14.05	99.25	56.46	10.21	143.58
0 50		0.08	7.00			5.70	11.11	90.00	23.25	110.20	39.06	6.81	158.33
1 05	0.70	0.19	2.70			9.93	18.75	84.24	15.16	97.76	58.58	12.11	183.88
0.60	0.25	0.24	11.00			4.10	10.97	90.11	17.06	98.82	50.98	5.11	87.23
1.27	1.05	0.09	6.00			14.00	25.60	79.61	12.22	83.80	66.40	18.71	228.73
0.63	0.40	0.10	7.00			4.47	9.99	90.9	21.35	113 10	35.96	5.28	112.87
0.80	0.40	0.03	4.50			8.70	16 60	85.75	16.71	100.37	53.14	10.62	177.55
0.35	Traces	0.25	7.83			5.30	9.68	91.16	29.69	114 89	30.70	6.30	187.27
0.50		0.04	8.00			2.40	7.69	92.93	20.85	100.28	44.48	2.80	58.53
0.57	C.30	0.16	8.75			3.65	9.32	91.47	20.25	107.02	44.70	4.37	88.59

II

EXAMEN COMPARATIF DES MASSES CUITES DE PREMIER JET PRODUITES PENDANT CHACUNE DES CAMPAGNES DE 1884 A 1885, 1885 A 86, 1886 A 87 AU POINT DE VUE DU SUCRE CRISTALLISABLE ET DU NON-SUCRE QU'ELLES CONTIENNENT. — DÉTERMINATION DE LEUR QUOTIENT DE PURETÉ RÉEL ET DE LEUR QUOTIENT D'IMPURETÉ, C'EST-A-DIRE DU RAPPORT DU NON-SUCRE A 100 DE SUCRE CRISTALLISABLE PRIS COMME POINT DE COMPARAISON.

TABLEAU N° 2

donnant pour chacune d.s trois campagnes : le nombre de masses cuites de 1er jet analysées ; la quantité moyenne de sucre cristallisable ; leur quotient de pureté et la quantité de non-sucre par rapport à 100 de sucre qu'elles contiennent.

Désignation de la série	Numéro d'ordre	CAMPAGNE DE 1884 à 1885				CAMPAGNE DE 1885 à 1886				CAMPAGNE DE 1886 à 1887			
		Nombre de masses cuites de 1er jet	Sucre cristallisable	Quotient de pureté	Non-sucre p. 100 de sucre	Masses cuites de 1er jet	Sucre cristallisable	Quotient de pureté	Non-sucre p. 100 de sucre	Masses cuites de 1er jet	Sucre cristallisable	Quotient de pureté	Non-sucre p. 100 de sucre
	1	2	3	4	5	6	7	8	9	10	11	12	13
1re série	1	10	80.36	83.65	19.12	9	81.24	87.09	14.82	11	85.24	90.32	9.53
	2	2	83.30	86.77	15.24	1	83.70	89.23	12.06	5	84.26	90.99	12.74
	3	2	81.08	84.67	18.09	5	81.74	88.46	13.04	4	83.07	90.78	10.14
	4	2	81.08	85.07	17.63	1	83.00	91.20	9.63	2	85.40	93.33	7.14
	5	2	83.75	86.75	14.92	1	81.90	87.59	14.16	1	84.00	91.30	9.52
	6	6	78.99	82.06	21.85	2	80.18	84.62	18.17	1	82.00	88.17	13.41
2e série	7	7	79.77	83.51	19.74					1	85.60	94.06	6.30
	8	5	80.18	82.83	20.72					1	83.80	90.10	10.97
	9	1	78.40	83.44	19.82					2	83.70	90.48	10.52
	10	2	78.85	83.43	19.84					1	82.60	88.81	12.68
3e série	11					6	82.55	87.72	13.99	2	83.25	89.09	12.31
	12					2	77.80	87.41	14.39	2	83.70	92.74	7.82
	13					1	80.10	86.59	15.48	2	82.40	90.55	10.43
	14					1	81.10	88.58	13.44	1	82.80	89.13	12.31
	15					1	81.90	89.02	12.33	1	85.50	90.95	9.94
	16					1	83.70	89.09	12.30	1	86.40	91.90	8.79
4e série	17	13	81.53	83.97	18.75	4	82.15	86.85	15.13	5	84.60	92.49	8.13
	18	2	81.52	83.39	19.90								
	19	1	80.19	81.82	22.20					1	86.40	92.90	7.63
	20	1	82.25	85.23	17.32					1	83.70	90.00	11.11
	21	1	81.97	84.24	18.76					1	80.20	90.11	10.97
	22	1	74.84	79.61	25.60					5	84.57	90.93	9.99
	23					1	81.90	85.75	16.60				
	24									3	84.03	91.16	9.68
	25									1	85.50	92.93	7.60
	26									4	83.47	91.47	9.32
	Moyenne		80.50	83.77	19.34		81.64	87.80	13.96		84.00	91.02	9.95

Les masses cuites de premier jet, analysées au nombre de 153, réparties dans les trois campagnes ci-dessus désignées, peuvent être étudiées : 1° dans leur ensemble, c'est-à-dire comme produites sans distinction dans les 54 sucreries qui les ont fournies ; 2° comme provenant des mêmes sucreries telles qu'elles se trouvent classées dans les quatre séries du tableau n° 1.

Nous étudierons séparément ces deux conditions de leur production.

Le tableau précédent n° 2 résume les nombres obtenus de l'analyse et représentant pour chaque campagne :

1° La quantité moyenne de sucre cristallisable contenue dans 100 grammes de masse cuite de 1er jet.

2° Le quotient de pureté réel moyen, c'est-à-dire le rapport du sucre cristallisable à 100 de matière sèche déterminée par dessiccation.

3° Le rapport du non-sucre à 100 de sucre cristallisable dosé par rotation pris pour point de comparaison, que nous désignons sous le nom de quotient d'impureté.

Nous avons cru devoir ajouter au quotient de pureté, résultant de la comparaison des deux nombres variables entre eux, — le sucre et le non-sucre dans la matière sèche, — un terme de comparaison plus fixe, non plus la matière sèche, mais une quantité de sucre invariable représentée par 100, et établir ainsi le rapport du non-sucre à 100 de sucre contenu dans la matière analysée. Ce rapport présente un point de comparaison beaucoup plus facile à saisir pour établir le non-sucre, c'est-à-dire la quantité de matières étrangères au sucre qui accompagne le sucre dans les matières sucrées.

III

EXAMEN DE LA COMPOSITION DES MASSES CUITES DE 1er JET : AU POINT DE VUE DE LA QUANTITÉ DE SUCRE CRISTALLISABLE, DE LEUR QUOTIENT DE PURETÉ ET DE LEUR QUOTIENT D'IMPURETÉ, DANS CHACUNE DES TROIS CAMPAGNES DE 1884 A 1887.

1° Masses cuites de 1er jet prises dans leur généralité.

Les masses cuites de 1er jet, prises dans leur généralité, analysées au nombre de 153 provenant de 54 sucreries situées dans 13 départements différents ; réparties dans les 3 campagnes de 1884 à 1887 elles ont donné en moyenne :

	Sucre pour 100	Quot. de pureté	Quot. d'impureté
Dans la campagne de 1884 à 85. . .	80.50	83.77	19.34
Dans la campagne de 1885 à 86. . .	81.64	87.80	13.96
Dans la campagne de 1886 à 87. . .	84.00	91.02	9.95

2° Masses cuites de 1ᵉʳ jet produites dans les mêmes sucreries, sous les mêmes influences de culture et de fabrication.

1ʳᵉ Série — 6 sucreries — 67 masses cuites.

Dans la campagne de 1884 à 85. . .	81.42	84.82	17.80
Dans la campagne de 1885 à 86. . .	81.96	88.03	13.64
Dans la campagne de 1886 à 87. . .	83.99	90 80	10.41

2ᵐᵉ Série — 4 sucreries — 20 masses cuites.

Dans la campagne de 1884 à 85. . .	79.30	83.30	20.03
Dans la campagne de 1886 à 87. . .	83.92	90.86	10.11

3ᵐᵉ Série — 6 sucreries — 21 masses cuites.

Dans la campagne de 1885 à 86. . .	81.19	88.06	13.65
Dans la campagne de 1886 à 87. . .	84.00	90.72	10.26

Lorsqu'on examine les nombres ci-dessus on trouve qu'ils présentent une régularité remarquable, soit que ces masses cuites soient prises dans leur généralité, soit dans chaque fabrique de sucre prise isolément : on voit la richesse en sucre augmenter successivement depuis la campagne de 1884 à 87 dans la proportion de 80.50 à 84.00.

Il en a été de même du quotient de pureté dans la proportion de 83.30 à 91.20.

Tandis que le non-sucre va régulièrement en diminuant dans la proportion pour 100 de sucre de 19.34 à 9.95.

Un fait remarquable qui ressort des nombres ci-dessus, c'est que les masses cuites de 1ᵉʳ jet, produites dans la campagne de 1885 à 86, intermédiaire entre les deux autres campagnes, donnent également des nombres intermédiaires entre les nombres fournis par les masses cuites des deux campagnes extrêmes.

La quantité de non-sucre par rapport à 100 de sucre peut permettre de donner la mesure des progrès accomplis dans chaque campagne depuis celle de 1884 à 85, au point de vue de la pureté des masses cuites de 1ᵉʳ jet.

Le non-sucre représentant l'ensemble des matières étrangères au sucre, c'est-à-dire les impuretés qui accompagnent le sucre, si l'on désigne les 19.34 de non-sucre contenus dans les masses cuites de 1ᵉʳ jet dans la campagne de 1884 à 85 par le nombre.   100 on trouve pour l'ensemble des masses cuites de 1ᵉʳ jet pour la campagne de 1885 à 86 le nombre proportionnel 72, et pour la campagne 1886 à 87, le nombre proportionnel 51 ; par conséquent *l'amélioration produite au point de vue de la pureté des masses cuites de 1ᵉʳ jet depuis la campagne 1884-1885 pour la campagne 1885-1886 est de 28 pour 100 et pour la campagne 1886-87 de 49 pour 100.*

IV

LE NON-SUCRE

On a vu, dans le paragraphe précédent, que le *non-sucre* avait successivement diminué dans les masses cuites de 1er jet sous l'influence de la loi de 1884 (impôt sur la betterave); ainsi, en rapportant le non-sucre à 100 de sucre cristallisable dans ces masses cuites, on trouve pour le non-sucre :

Dans la campagne de 1884 à 85. 19,34
   —   1885 à 86. . . . . 13.96
   —   1886 à 87. . . . . 9.95

Ce nombre représente toutes les matières étrangères au sucre dosées en bloc, à l'état brut, qui se trouvent dans les masses cuites de 1er jet.

Lorsqu'on emploie les moyens que la chimie peut mettre à la disposition de l'analyse des matières sucrées pour pénétrer plus intimement dans la composition du non-sucre, on reconnaît que ce non-sucre contient non seulement des matières étrangères au sucre qui n'ont pas été éliminées par les procédés employés dans la fabrication, mais encore des matières formées pendant la fabrication aux dépens du sucre cristallisable.

Pour puiser dans l'analyse des masses cuites de 1er jet les renseignements nécessaires pour résoudre la question qui fait le sujet de cette étude et même pour bien diriger la fabrication, il faut distinguer dans la composition du non-sucre : 1° les matières étrangères au sucre qui ont pu se former pendant les opérations jusqu'à la masse cuite de 1er jet; 2° les matières étrangères existant naturellement dans les betteraves qui n'ont pu être éliminées par les procédés employés.

Nous étudierons, dans les paragraphes suivants, les différents composants du *non-sucre* à ces deux points de vue.

V

LE NON-SUCRE PROVENANT DE L'ALTÉRATION DU SUCRE CRISTALLISABLE FORMÉ PENDANT LA FABRICATION JUSQU'A LA MASSE CUITE DE 1er JET.

Tout ce qui n'est pas sucre cristallisable doit être considéré comme du non-sucre; dans les matières sucrées en cours de fabrication on doit donc ranger parmi les matières étrangères au sucre cristallisable les produits résultant des transformations que le sucre cristallisable a éprouvées pendant la fabrication.

L'analyse chimique appliquée aux matières sucrées permet de distinguer certaines altérations que le sucre cristallisable éprouve pendant les opérations de la fabrication, par exemple :

1° Le glucose à l'état de sucre caractérisé par son pouvoir réducteur sur la liqueur alcalino-cuprique (Fehling et autres) et par sa propriété fermentescible, et de ne pas être précipité par le sous-acétate de plomb ;

2° Les dérivés du glucose provenant de l'action des alcalis sur le glucose, caractérisés par leur pouvoir réducteur sur la liqueur Fehling, par leur propriété d'être précipités par le sous-acétate de plomb et de ne pas subir la fermentation alcoolique ;

3° Le sucre optiquement neutre caractérisé par l'absence de tout pouvoir rotatoire avant et après inversion, par l'absence de pouvoir réducteur avant inversion, par son pouvoir réducteur après inversion, par sa propriété de subir la fermentation alcoolique, par sa propriété diffusible qui le fait passer beaucoup plus rapidement que le sucre à travers le papier parchemin dans l'osmose.

Les propriétés chimiques bien tranchées de ces trois produits de l'altération du sucre cristallisable permettent de les reconnaître et de les doser dans les matières sucrées.

Il existe dans les matières sucrées en cours de fabrication, et particulièrement dans la mélasse, des produits doués d'une rotation à droite autres que le sucre que l'on désigne généralement sous le nom collectif de matières *dextrogyres*, dont les propriétés chimiques et l'origine sont moins bien définies, et que pour cette raison nous n'avons pas cru devoir faire entrer dans cette étude.

Nous avons fait connaître un caractère qui peut servir à déterminer à l'avance les tendances des matières sucrées à subir l'altération que l'on désigne en fabrique sous le nom de fermentation, qui a pour suite inévitable la formation du glucose aux dépens du sucre cristallisable. Ce caractère est fourni par la dessiccation des sirops et masses cuites en couches minces sur une lame de verre à une température de 110 à 120°. Lorsque pendant cette dessiccation la couche desséchée reste translucide, qu'elle se fendille par le refroidissement, on peut en conclure avec toute certitude que la matière sucrée n'a aucune tendance à la fermentation ; si au contraire la couche de matière sucrée, en se desséchant, se recouvre de mousse, on peut assurer qu'elle est déjà atteinte d'un commencement de fermentation, et cette fermentation sera d'autant plus avancée qu'il se sera formé du glucose et que la mousse sera plus épaisse (1).

Si donc la tendance à la fermentation se manifeste, on peut toujours prévenir la fermentation et la transformation du sucre cristallisable en glucose qui l'accompagne par l'addition d'une quantité suffisante de soude caustique.

L'alcalinité des liquides sucrés joue donc un rôle important comme préservatif de la fermentation et de la transformation du sucre cristallisable en glucose.

Nous avons tenu compte de ces différentes déterminations dans l'analyse des 153 masses cuites de 1er jet reproduites dans le tableau n° 1 de cette étude. Nous les résumerons dans le tableau suivant n° 3, dans lequel sont indiqués pour chaque campagne : le nombre de masses cuites analysées, le titre alcalimétrique moyen pour 100 gr. de masse cuite, le nombre de masses cuites ayant une tendance à la fermentation contenant du glucose à l'état de sucre ou à l'état de dérivés et les quantités de sucre optiquement neutre.

(1) Voir pour plus de détails sur ce sujet et sur les différents procédés d'analyse, mon 1er volume de *Chimie théorique et pratique des industries du sucre.*

TABLEAU N° 3

Numéro d'ordre	CAMPAGNE DE 1884 A 1885						CAMPAGNE DE 1885 A 1886						CAMPAGNE DE 1886 A 1887					
	Masses cuites	Alcalinité	Mousse	Glucose à l'état de sucre	Dérivés du glucose	Sucre optiquement neutre	Masses cuites	Alcalinité	Mousse	Glucose à l'état de sucre	Dérivés du glucose	Sucre optiquement neutre	Masses cuites	Alcalinité	Mousse	Glucose à l'état de sucre	Dérivés du glucose	Sucre optiquement neutre
1	2	3	4	5	6	7	8	9	10	11	12	13	14	15	16	17	18	19
1	10	7°59		1	9	2.46	9	4°55		0	8	0.71	11	6°2			4	0.28
2	2	5.0		0	2	4.22	1	2.0		0	1	0.30	5	4.2			0	0.06
3	2	4.5	1	0	2	2.94	5	5.0		0	5	0.80	4	6.2			1	0.15
4	2	3.0		0	0	1.42	1	4.0		0	1	0.20	2	4.5			0	0.10
5	2	7.0		0	2	2.35	1	3.5		0	1	3.60	1	4.0			1	0.20
6	6	7.3	2	1	6	1.86	2	6.0	1	.1	2	3.88	1	2.0			0	0.10
7	7	4.2	1	0	7	2.29							1	6.0			0	0.10
8	5	6.8		2	5	2.92							1	6.0			0	0.15
9	1	3.0	1	0	1	3.60							2	5.5			1	0.05
10	2	6.5	1	0	1	2.90							1	4.0			1	0.20
11							6	3.4	1	0	6	0.68	2	5.5			2	0.00
12							2	1.5	1	0	2	0.00	2	4.5			1	0.00
13							1	4.0		0	1	0.15	2	7.0			1	0.25
14							1	3.3		0	1	0.40	1	3.0			0	0.10
15							1	4.0		0	0	0.10	1	5.0			0	0.10
16							1	3.0		0	1	0.30	1	8.0			1	0.10
17	13	4.7	1	0	10	1.62	4	2.7	2	0	4	1.53	5	5.0			3	0.00
18	2	7.0		0	0	2.85												
19	1	3.5		0	1	2.96							1	5.0			0	0.10
20	1	9.0		0	0	3.30							1	8.0			0	0.20
21	1	3.0		0	1	3.23							1	5.0			0	0.15
22	1	2.0		0	1	4.49							5	4.2			3	0.18
23							1	5.0		0	1	5.10						
24													3	1.6			3	0.43
25													1	2.0			1	0.00
26													4	3.7			2	0.16
	58	Moyenne 5°25	8	4	48	Moyenne 2.83	36	Moyenne 3°71	5	1	34	Moyenne 1.26	59	Moyenne 4.83	0	0	25	Moyenne 0.13

VI

EXAMEN DES MASSES CUITES DE 1er JET AU POINT DE VUE DE LEUR TENDANCE A LA FERMENTATION, DU GLUCOSE A L'ÉTAT DE SUCRE, DES DÉRIVÉS DU GLUCOSE, DE LEUR ALCALINITÉ ET DE LA QUANTITÉ DE SUCRE OPTIQUEMENT NEUTRE QU'ELLES CONTIENNENT, DANS CHACUNE DES 3 CAMPAGNES DE 1884 A 1887.

Les 153 masses cuites de 1er jet analysées, prises dans leur généralité, ont présenté les caractères d'altération suivants(1)

Dans la campagne de 1884 à 1885, sur 58 masses cuites de 1er jet analysées, 8 ont donné de la mousse à la dessiccation, par conséquent avaient une tendance à la fermentation ou étaient déjà en fermentation, soit . . . . .

4 contenaient du glucose à l'état de sucre.

48 contenaient des dérivés du glucose. . .

Dans la campagne de 1885 à 1886, sur 36 masses cuites, 5 avaient une tendance à la fermentation, soit . . . .

1 contenait du glucose à l'état de sucre . .

34 contenaient des dérivés de glucose. . .

Dans la campagne de 1886 à 1887, sur 58 masses cuites de 1er jet analysées, aucune n'avait de tendance à la fermentation . . . .

Aucune ne contenait de glucose à l'état de sucre . . . .

25 contenaient des dérivés de glucose . . .

	Sur 100 masses cuites il s'en est trouvé		
	Ayant une tendance à la fermentation	Contenant du glucose à l'état de sucre	Contenant des dérivés du glucose
Dans la campagne de 1884 à 1885 ...	14		
4 contenaient du glucose à l'état de sucre.		7	
48 contenaient des dérivés du glucose.			82
5 avaient une tendance à la fermentation, soit	14		
1 contenait du glucose à l'état de sucre		3	
34 contenaient des dérivés de glucose.			94
aucune n'avait de tendance à la fermentation	0		
Aucune ne contenait de glucose à l'état de sucre		0	
25 contenaient des dérivés de glucose			42

L'alcalinité a été en moyenne, pour 100 gr. de masse cuite de 1er jet :

Dans la campagne de 1884 à 1885 de.	. . . . .	5°25
— 1885 à 1886 de.	. . . . . .	3°71
— 1886 à 1887 de.	. . . .	4°83

Le sucre optiquement neutre a été en moyenne, pour 100 de masse cuite de 1er jet :

Dans la campagne de 1884 à 85 de.	. . . . . .	2.83
— de 1885 à 86 de.	. . . . . .	1.26
— de 1886 à 87 de.	. . . . . .	0.13

Il résulte de la comparaison de ces nombres que sur 100 masses cuites de 1er jet produites pendant la campagne de 1884 à 85, 14 avaient une tendance à la fermentation ou étaient déjà en fermentation. — Le nombre était le même pour la campagne de 1885 à 86, et dans les masses cuites produites dans la campagne de 1886 à 87, ce caractère d'altération avait complètement disparu.

Il y a donc eu une grande amélioration entre la campagne de 1884 à 85 et la campagne de 1886 à 87 au point de vue de la prédisposition des masses cuites de 1er jet à éprouver la fermentation.

La présence du glucose à l'état de sucre dans les masses cuites de 1er jet, indique toujours une transformation du sucre cristallisable en glucose dans les opérations qui ont suivi la défécation, par conséquent une altération permanente qui en se manifestant dans les masses cuites de 1er jet ne peut aller qu'en augmentant dans le travail des bas produits. — Sur 100 masses cuites de 1er jet, dans la campagne de 1884 à 85, 7 contenaient du glucose à l'état de sucre, 3 seulement dans la campagne de 1885 à 86, et la formation du glucose avait complètement disparu dans la campagne de 1886 à 1887.

C'est encore là une grande amélioration à signaler dans les masses cuites de 1er jet dans la campagne de 1886 à 87.

Les dérivés du glucose contenus dans les masses cuites de 1er jet proviennent de la transformation du glucose sous l'influence des bases alcalines ; ils peuvent avoir deux origines : 1° le glucose existant dans la betterave avant la défécation, qui se trouve transformé, sous l'influence de la chaux, en glucate et apoglucate de chaux, qui n'ont pas été complètement éliminés par la défécation trouble, et qui restent doués d'un pouvoir réducteur; 2° le glucose formé après la défécation ayant subi la même transformation sous l'influence de la chaux ajoutée pendant les opérations qui suivent la défécation.

La présence des dérivés du glucose quelle que soit leur origine, n'en est pas moins nuisible surtout dans le travail des bas produits et dans la formation de la mélasse, et l'on doit éviter leur présence dans les masses cuites de 1er jet.

Les dérivés du glucose sur 100 masses cuites de 1er jet existaient :

Dans la campagne de 1884 à 85 dans 82 masses cuites.
—   de 1885 à 86 dans 94   —
—   de 1886 à 87 dans 42   —

Il y avait donc, au point de vue de la présence des dérivés du glucose dans les masses cuites de 1er jet, une amélioration dans la campagne de 1886 à 87, par rapport à la campagne de 1884 à 85, de près de 50 p. 100.

Considérées au point de vue de l'alcali libre qu'elles contiennent, les masses cuites de 1er jet ne présentent pas entre elles de grandes différences ; cette quantité était en moyenne pour 100 grammes de masse cuite :

Dans la campagne de 1884 à 85 . . . .   5°25
—   de 1885 à 86 . . . .   3°71
—   de 1886 à 87 . . . .   4°83

Ces nombres ne présentent pas entre eux des différences assez grandes pour en tirer d'autre conclusion que celle-ci : cette alcalinité varie peu pour les trois campagnes.

L'examen du sucre optiquement neutre contenu dans les masses cuites de 1er jet présente des résultats remarquables. Si l'on représente les 2 gr. 83 de sucre optiquement neutre contenu dans 100 gr. de masse cuite de 1er jet produites dans la campagne de 1884 à 85 par le nombre 100, on trouve comme nombre proportionnel :

Pour la campagne de 1885 à 86 . . . .   44.59
Et dans la campagne de 1886 à 87. . . . . . .   4.59

Le sucre optiquement neutre a donc presque complètement disparu des masses cuites de 1er jet dans la campagne de 1886 à 87.

En résumé, il résulte de cette étude du non-sucre produit par la fabrication que :

Les caractères de fermentation et de transformation du sucre cristallisable en glucose à l'état de sucre, qui existaient dans une certaine quantité de masses cuites, dans la campagne de 1884 à 85, ont complètement disparu dans la campagne de 1886 à 87.

Les dérivés du glucose, qui existaient dans les masses cuites de 1884 à 85, dans 82 masses cuites sur 100, ne se trouvent plus que dans 42 dans la campagne de 1886 à 87, soit une amélioration de près de 50 p. 100.

Le sucre optiquement neutre qui existait dans les masses cuites de 1884 à 85 dans la proportion de 100, se trouve réduit :

Dans la campagne de 1885 à 86 à 44.59
Et dans la campagne de 1886 à 87 à 4.59

En traduisant ces nombres en amélioration produite depuis la campagne de 1884 à 85, on trouve que cette amélioration :

Pendant la campagne de 1885 à 86 est égale à   55.41 p. 100
Et dans la campagne de 1886 à 87 est égale à   95.41 —

A quelle cause attribuer une pareille amélioration ? — Cette question méritera dans la suite un examen spécial.

VII

LE NON-SUCRE EXISTANT NATURELLEMENT DANS LA BETTERAVE ET, PAR SUITE, DANS LES MASSES CUITES DE 1er JET.

Le non-sucre existant naturellement dans les betteraves et, par suite, dans les masses cuites de 1er jet se divise, d'après les résultats fournis par l'analyse chimique, en deux ordres de produits : 1° en principes salins ; 2° en principes organiques.

Quelques-uns de ces principes ont pu être éliminés pendant les opérations de la fabrication, d'autres ont résisté aux moyens d'épuration employés, se retrouvent dans les masses cuites de 1er jet et constituent une partie importante du non-sucre qu'elles contiennent.

Les principes minéraux qui s'y accumulent le plus abondamment sont les bases potasse et soude en combinaison partie à l'état de sels minéraux, tels que sulfate, nitrate, phosphate et chlorure de ces bases, partie à l'état de sels à acides végétaux qui constituent une quantité importante des matières désignées sous le nom de matières organiques.

Il existe quelquefois dans les masses cuites de 1er jet des sels de chaux à acides organiques en notable quantité. Ils sont le plus souvent le produit de la fabrication, qu'une bonne application de la défécation trouble fait disparaître et dont nous tiendrons compte dans la suite de ce travail.

Dans l'analyse chimique, telle qu'elle est ordinairement appliquée aux matières sucrées pour les besoins de l'industrie, du commerce et de la perception de l'impôt, on dose les matières minérales à l'état de sulfates, en leur faisant subir l'incinération avec addition d'acide sulfurique et on transforme par le calcul les sulfates, résidu de l'incinération, en carbonates, à l'aide d'un facteur approximatif variable entre 0,90 pour les uns et 0,80 pour les autres.

La différence en poids entre le sucre et les sels ainsi transformés en carbonates d'un côté, et le poids de la matière sèche sucrée soumise à l'analyse de l'autre côté, représente la quantité de matières étrangères qu'elles contiennent.

Cette méthode d'analyse partage donc en deux groupes le non-sucre contenu naturellement dans les masses cuites de 1er jet comme provenant directement de la végétation de la betterave :

1° Les matières salines ;

2° Les matières organiques.

D'après les faits nombreux mis en évidence par l'application de l'osmose, les matières salines peuvent être considérées comme jouant le rôle le plus important dans l'impureté des matières sucrées et dans l'immobilisation du sucre cristallisable dans la mélasse; l'on a établi un rapport entre ces matières salines et le sucre immobilisé dans la mélasse et l'on a désigné ce rapport sous le nom de *coefficient salin*.

De nombreuses expériences ont établi que le rapport des cendres sulfuriques, transformées en carbonates par le calcul à l'aide du coefficient 0,8 ou 0,9, au sucre dans la mélasse dépourvue de glucose et épuisée de sucre par cristallisation, comme une bonne mélasse de fabrique de sucre de betterave, est pour 1 de cendres 3,50 de sucre.

On a utilisé dans l'analyse des matières sucrées, ce rapport du sucre aux cendres dans la mélasse, pour déterminer à l'avance, à l'aide du coefficient salin, la quantité de mélasse que donnera dans le travail une matière sucrée quelconque soumise à l'analyse et par suite le rendement en sucre pur qu'elle devra donner soit en fabrication soit en raffinage.

On en a fait un art nouveau désigné sous le nom de *mélassimétrie*. — L'industrie, le commerce, la législation fiscale se sont emparés de ces données de l'analyse et en ont fait un moyen de déterminer la valeur relative des différentes matières sucrées au point de vue de leur rendement en sucre au raffinage et par suite au point de vue de leur valeur commerciale et fiscale.

Mais il est à remarquer que la pratique industrielle n'a pas encore tiré tout le parti que présente la mélassimétrie. Il semble que la fabrication du sucre en France, qui n'a accepté cette méthode dans ses transactions commerciales et fiscales, imposée un peu malgré elle par la raffinerie et par la législation des sucres, lui ait gardé rancune, ou n'ait pas vu tout le parti qu'elle en pouvait tirer comme un guide certain et précieux pour ses opérations.

A l'étranger, en Allemagne surtout, où le principe scientifique et l'utilité pratique de la mélassimétrie ont été contestés dès l'origine, le coefficient salin est mal compris, non apprécié, et très peu pratiqué ; et cependant il a été d'un puissant secours pour éclairer l'application de l'osmose de Dubrunfaut qui, sans ce guide sûr, n'aurait peut-être pu surmonter les critiques et les luttes que ce procédé a eu a subir dès son apparition, comme nous aurons l'occasion de le démontrer dans le volume de chimie théorique et pratique traitant de l'osmose, en préparation.

En France, la plupart des chimistes de sucrerie ont suivi peut-être un peu trop servilement l'exemple des chimistes allemands, dans ce qu'on appelle le contrôle chimique de la fabrication, car le plus souvent l'on se contente d'un quotient de pureté apparent sans s'éclairer du coefficient salin.

Convaincu par une longue expérience des grands services que peut rendre le coefficient salin dans le travail des sucres, nous n'avons cessé d'en faire l'application dans les analyses chimiques qui sont pratiquées journellement dans notre laboratoire, et nous en avons fait une étude toute spéciale dans les masses cuites de 1er jet, pour la solution de la question qui fait le sujet de ce travail.

Nous donnerons dans le tableau suivant, pour chaque campagne de 1884 à 85, de 1885 à 86 et de 1886 à 87, le coefficient salin des masses cuites de 1er jet ; la quantité de sucre libre cristallisable en 1er, 2e et 3e jets, et la quantité de mélasse qu'elles contiennent par hectolitre de masse cuite de 1er jet.

Pour déterminer le coefficient salin d'une matière sucrée, il suffit de connaître : 1° la quantité de sucre cristallisable qu'elle contient déterminée par rotation ; 2° la quantité de cendres qu'elle donne par l'incinération sulfurique divisée par 0,9.

En divisant le nombre représentant le sucre par le nombre représentant les cendres, on obtient comme produit de la division, un nombre qui représente le coefficient salin de la matière analysée.

Le coefficient salin étant connu, il devient possible d'en déduire la quantité de sucre libre susceptible de cristalliser en 1er, 2e et 3e jets, la quantité de sucre enchaîné à l'état de mélasse et par suite la quantité de mélasse contenue dans un poids donné de la masse cuite analysée.

Nous donnerons pour exemple une masse cuite de 1er jet dont la composition est indiquée sous le n° 1 du tableau n° 1 (pages 8 et 9) :

Sucre cristallisable dosé par rotation.	80.36 p. 100
Cendres sulfuriques corrigées par 0,9	6.12 —
Coefficient salin.	13.13 —

1 de cendres annulant à l'état de mélasse 3,50 de sucre, il est évident qu'autant de fois qu'il se trouvera 1 de cendres dans la masse cuite, il s'y trouvera également 3,50 de sucre à l'état de mélasse. Dans l'analyse de la masse cuite ci-dessus, la quantité de cendres se trouve être de 6,12 p. 100. Il s'y trouve donc en sucre immobilisé à l'état de mélasse $6,12 \times 3,50 = 21,42$.

La quantité de sucre existant dans la masse cuite étant de . . .	80.36
Le sucre à l'état de mélasse de	21.42

la quantité de sucre libre cristallisable en 1er, 2e et 3e jets, se trouve donc être, pour 100 kilogrammes de masse cuite. 58k940

D'un autre côté la mélasse épuisée de sucre par cristallisation, à la densité où elle se trouve après la cristallisation du sucre peut être considérée comme contenant 50 p. 100 de sucre ; il résulte de là qu'en multipliant par 2 le sucre annulé dans la mélasse, on obtient un nombre qui représente la quantité de mélasse contenue dans 100 kilogrammes de masse cuite ; la quantité de sucre annulé à l'état de mélasse étant de 21,42, la quantité de mélasse sera donc par 100 kilogrammes de masse cuite. 42ᵏ 84

Ainsi la masse cuite de 1ᵉʳ jet analysée ci-dessus, d'après son coefficient salin de 13,13, aurait la composition théorique suivante :

Sucre libre cristallisable en 1ᵉʳ, 2ᵉ et 3ᵉ jets . .   58ᵏ940 p. 100
Mélasse contenant 50 p. 100 de sucre . . . . .   42.840   —

Pour permettre de rapprocher ces nombres de ceux donnés par la pratique qui prend dans les sucreries françaises pour point de comparaison, non pas le poids mais le volume, nous avons traduit ces nombres par hectolitre de masse cuite de 1ᵉʳ jet du poids moyen de 155 kilogrammes ; alors la composition théorique d'un hectolitre de masse cuite de 1ᵉʳ jet, ci-dessus analysée, se trouve être de :

Sucre libre cristallisable en 1ᵉʳ, 2ᵉ et 3ᵉ jets. . .   91ᵏ357ᵍ
Mélasse à 50 p. 100 de sucre. 66ᵏ402ᵍ

Dans la pratique, le rapport de ces deux nombres pourra varier entre eux pour plusieurs causes qu'il est nécessaire de signaler.

Les calculs ci-dessus sont établis sur le sucre obtenu en 1ᵉʳ, 2ᵉ et 3ᵉ jets à 100° saccharimétriques, et le sucre obtenu en 1ᵉʳ jet et surtout en 2ᵉ et 3ᵉ jets contient toujours une certaine quantité de mélasse, ce qui nécessairement augmentera le poids du sucre et diminuera le poids de la mélasse ; mais si l'on ne tient compte que de leur valeur saccharimétrique, le rendement en fabrique ne devra pas s'éloigner du rendement théorique calculé. S'il s'en éloigne, c'est qu'il se sera produit des altérations ou des pertes de sucre cristallisable pendant le travail des bas produits.

TABLEAU N° 4

donnant, pour chacune des trois campagnes, le nombre des masses cuites analysées, leur coefficient salin moyen, leur rendement en sucre cristallisable en 1er, 2e et 3e jets et en mélasse, par hectolitre de masse cuite.

Désignation de la série	Numéro d'ordre	CAMPAGNE DE 1884 A 1885				CAMPAGNE DE 1885 A 1886				CAMPAGNE DE 1886 A 1887			
		Masses cuites de 1er jet	Coefficient salin	Rendement en sucre par hectolitre	Rendement en mélasse par hectolitre	Masses cuites de 1er jet	Coefficient salin	Rendement en sucre par hectolitre	Rendement en mélasse par hectolitre	Masses cuites de 1er jet	Coefficient salin	Rendement en sucre par hectolitre	Rendement en mélasse par hectolitre
	1	2	3	4	5	6	7	8	9	10	11	12	13
1re série	1	10	13.13	91.35	66 40	9	16.24	98.80	54.24	11	23.61	112.54	39.16
	2	2	15.11	99.22	59.78	1	20.41	107.49	44.48	5	20.80	108.62	43.92
	3	2	16.54	99.09	53.16	5	19.83	104.34	44.70	4	20.51	106.73	43.92
	4	2	13.85	97.44	56.46	1	21.84	108.04	41.22	2	26.68	115.01	34 72
	5	2	16.85	106.36	46.92	1	22.75	107.41	39.06	1	23.33	110.67	39.06
	6	6	11.71	85.89	73 08	2	13.29	92.56	65.42	1	18.22	102.69	48.82
2e série	7	7	12.99	90 34	66.60					1	34.24	119.12	27.12
	8	5	12.68	89.99	68.56					1	17.82	104.40	50.98
	9	1	12.89	88.54	65.96					2	19.64	106 68	46.10
	10	2	12.22	87.66	69 10					1	17.57	102.54	50.98
3e série	11					6	17.82	102.84	50.22	2	19.36	105.71	46.64
	12					2	14.81	92.12	56.94	2	25.36	111.83	35.80
	13					1	15.70	96.49	55.32	2	20.34	105.76	43.92
	14					1	20.27	104.00	43.40	1	18.40	103.93	48.82
	15					1	18.20	102.53	48.82	1	23.61	112.99	39.06
	16					1	21.74	109.85	39.76	1	22.44	113.04	41.76
4e série	17	13	14.10	95.02	62.70	4	17.67	102.05	50.56	5	25.63	113.23	35.80
	18	2	14.50	95.87	60.96								
	19	1	15.56	96.36	55.86					1	20.57	111.14	45.56
	20	1	14.05	99.25	56.46					1	23.25	110.20	39.06
	21	1	15.16	97.76	58.58					1	17.06	98.82	50.98
	22	1	12.22	83.80	66.40					5	21.35	113.10	35.90
	23					1	16.71	100.37	53.14				
	24									3	29.69	114.89	30.70
	25									1	20.85	100.28	44.48
	26									4	20.25	107.02	44.70
	Moyenne		13.97	93.99	61.68		18.37	102.06	49.09		22.10	108.78	42.00

Nous avons indiqué, dans un travail antérieur, le parti que l'on pouvait tirer, pour estimer ces pertes, de l'analyse des masses cuites de 1er jet au point de vue de leur rendement en sucre libre et en mélasse. Nous croyons utile de de rappeler ici :

« Le fabricant de sucre doit y trouver l'avantage de connaître à l'avance la quantité de sucre que chaque masse cuite de 1er jet doit lui donner par hectolitre en 1er, 2° et 3e jets, la quantité de sucre enchaîné à l'état de mélasse et la quantité de sucre que cette mélasse doit donner à l'osmose.

» En constatant le nombre d'hectolitres de chaque masse cuite de 1er jet ; en multipliant ce nombre par la quantité de sucre libre, accusé par l'analyse dans chaque hectolitre de cette masse cuite, on aura la quantité de sucre que doit rendre la totalité de cette masse cuite en 1er, 2e et 3e jet.

» En faisant le même calcul sur le sucre à l'état de mélasse et sur la mélasse contenue également dans la totalité de la masse cuite, on aura la quantité de sucre à l'état de mélasse et la quantité de sucre qu'elle peut donner par l'osmose.

» En faisant le même calcul pour chaque cuite de 1er jet pendant toute la campagne, on aura des nombres qui représenteront les quantités théoriques de sucre de mélasse et de sucre d'osmose que doit donner la fabrication.

» Si l'on porte dans un compte spécial, *comme entrée*, la quantité de sucre théorique ainsi établie par l'analyse, *et comme sortie* la quantité de sucre obtenue en 1er, 2e et 3e jets, en osmose et en mélasse; si le total du sucre sorti est moins élevé que le total du sucre entré, il faudra en accuser les imperfections de la fabrication, chercher où elles se produisent et étudier les moyens de les éviter.

» Cette méthode permet encore d'apprécier l'excédent de sucre que l'on doit obtenir sur la prise en charge par la régie, au fur et à mesure de la fabrication. Il suffit pour cela de comparer les nombres représentant le sucre pris en charge avec la quantité de sucre théorique déterminée par l'analyse ; l'excédent en faveur de ce dernier nombre représentera le sucre que l'on doit obtenir libéré d'impôt et le bénéfice qui doit en résulter. »

Après avoir démontré le parti que l'on peut tirer du coefficient salin des masses cuites de 1er jet et de la méthode mélassimétrique qu'il renferme, nous allons en faire l'application à l'étude de la question faisant le sujet de ce travail.

Le tableau ci-dessus, n° 4, résume, pour chacune des trois campagnes, le nombre des masses cuites analysées, leur coefficient salin moyen, leur rendement en sucre libre cristallisable en 1er, 2e et 3e jets et en mélasse par hectolitre de masse cuite de 1er jet.

VIII

EXAMEN DES MASSES CUITES DE 1er JET AU POINT DE VUE DE LEUR COEFFICIENT SALIN, DE LA QUANTITÉ DE SUCRE LIBRE ET DE LA QUANTITÉ DE MÉLASSE QU'ELLES CONTIENNENT DANS CHACUNE DES TROIS CAMPAGNES DE 1884 A 1887.

1° *Masses cuites de 1er jet au point de vue de leur coefficient salin, prises dans leur généralité.*

Les masses cuites de 1er jet prises dans leur généralité, analysées au nombre de 153, provenant de 54 sucreries situées dans 13 départements différents, réparties dans les trois campagnes de 1884 à 1887, ont donné en moyenne pour coefficient salin :

Dans la campagne de 1884 à 1885.. . . . . 13.97
— 1885 à 1886.. . . . . 18.37
— 1886 à 1887.. . . . . 22.10

2ᵉ Masses cuites de 2ᵉ jet, au point de vue de leur coefficient salin, produites dans les mêmes sucreries, sous les mêmes influences de sol, de culture et de fabrication.

1ʳᵉ série — 6 sucreries — 67 masses cuites.

Dans la campagne 1884 à 1885.. . . . . 14.53
— 1885 à 1886.. . . . . 19.06
— 1886 à 1887.. . . . . 22.19

2ᵉ série — 4 sucreries — 20 masses cuites.

Dans la campagne 1884 à 1885., ... 12.69
— 1886 à 1887.. . . . . 22.31

3ᵉ série — 6 sucreries — 21 masses cuites.

Dans la campagne 1885 à 1886.. . . . . 18.09
— 1886 à 1887.. . . . . 21.58

Si l'on examine comparativement les nombres représentant le coefficient salin des masses cuites de 1ᵉʳ jet produites dans chaque campagne dans la généralité des sucreries, on remarque qu'il va successivement en augmentant dans chacune des deux campagnes qui suivent celle de 1884 à 1885, prise comme point de comparaison. Il était, dans cette première campagne, en moyenne de. 13.97
dans la campagne 1885 à 1886 de. 18.37
dans la campagne 1886 à 1887 de. 22.10

Le coefficient salin établissant le rapport du sucre aux sels représentés par les cendres, puisés dans le sol par la betterave, restés dans la racine et par suite accumulés dans les masses cuites de 1ᵉʳ jet, établit par les nombres ci-dessus que les matières salines ont été successivement en diminuant dans les betteraves, depuis la campagne 1884 à 1885, dans une grande proportion. Si l'on représente le coefficient salin des masses cuites de 1ᵉʳ jet produites dans la généralité des fabriques de sucre dans la campagne de 1884 à 1885 par le nombre 100, on aura pour nombre proportionnel :

Dans la campagne 1885 à 1886. 131
et dans la campagne 1886 à 1887.. 158

L'amélioration produite au point de vue de la réduction des matières salines dans les masses cuites de 1ᵉʳ jet a donc été :

Dans la campagne 1885 à 1886 de . . . . . 31 p. 100
— 1886 à 1887 de . . . . . . 58 —

Si l'on fait la même comparaison pour les masses cuites de 1ᵉʳ jet produites dans chaque campagne par les mêmes sucreries, c'est-à-dire sous les mêmes influences de sol, de culture et de fabrication, on obtient des nombres qui conduisent à la même conclusion, mais on remarque une uniformité très singulière dans le coefficient salin des masses cuites de 1er jet produites par chaque campagne, quoique provenant de betteraves cultivées dans des conditions toutes différentes, soit pour la généralité des sucreries dans des conditions de sol, de culture et de fabrication très variables, soit pour les mêmes sucreries, c'est-à-dire dans les mêmes conditions de sol, de culture et de fabrication.

Ainsi, en prenant pour point de comparaison le coefficient salin des masses cuites de 1er jet produites dans la campagne 1884 à 1885 dans l'ensemble des sucreries, tel qu'il a été établi ci-dessus, représenté par le nombre 100 on obtient pour nombres proportionnels dans la campagne 1884 à 1885 :

Dans les sucreries isolées soumises aux mêmes influences : 1re série..   104
    —   —   —   2e série..   90

Il en est de même dans la campagne 1885 à 1886 :
Le nombre proportionnel est, pour l'ensemble des sucreries   131
et pour les sucreries isolées soumises aux mêmes influences.   136

Et pour la campagne 1886 à 1887 :
Le nombre proportionnel pour l'ensemble des sucreries.   158
et pour les sucreries soumises aux mêmes influences : 1re série. . . .   158
    —   —   —   2e série. . . .   159
    —   —   —   3e série. . . .   154

Il résulte de ces nombres que les masses cuites de 1er jet, et par suite les betteraves d'où elles proviennent, quoiqu'ayant été produites dans des conditions bien différentes de sol, de culture et de fabrication, ou dans les mêmes conditions de sol, de culture et de fabrication, présentent pour chaque campagne, au point de vue des matières salines qu'elles contiennent, une uniformité presque complète et que l'amélioration produite successivement dans les deux campagnes qui ont suivi celle 1884 à 1885 est uniformément progressive, de manière à s'élever, en 1885 à 1886, de . . . . 36 p. 100
et dans la campagne 1886 à 1887 de . . . . 59 —

Il découlerait de cette conclusion qu'il ne faut pas chercher la cause de cette amélioration dans la nature du sol, ni dans les conditions de la culture, ni dans le mode de fabrication, puisque l'on voit les mêmes sucreries produire des betteraves et par suite des masses cuites dont le coefficient salin représenté dans la campagne 1884 à 1885 par. 104
s'élever en 1885 à 1886 à. 136
et en 1886 à 1887 à 158

3° *Examen des masses cuites de 1er jet au point de vue de la quantité de sucre libre cristallisable en 1er, 2° et 3° jets et de la quantité de mélasse qu'elles contiennent par hectolitre, prises dans leur généralité.*

Nous avons démontré que le coefficient salin permettait de déterminer dans les masses cuites de 1er jet la quantité de sucre en 1er, 2° et 3° jets qu'elles peuvent fournir par cristallisation et la quantité de mélasse qu'elles doivent donner inévitablement comme résidu de la cristallisation. Ces nombres doivent découler du coefficient salin lui-même et être en proportion correspondante avec les nombres qu'il représente. En rapportant ces nombres à l'hectolitre de masse cuite du poids moyen de 155 kilogr., on obtient, d'après le tableau n° 4, les nombres proportionnels suivants pour la composition moyenne des masses cuites de 1er jet dans chacune des campagnes de 1884 à 1887.

Par hectolitre de masse cuite de 1er jet :

	Sucre libre cristallisable en 1er, 2e et 3e jets.	Mélasse
Dans la campagne 1884 à 1885 . . .	93k 99	61.68
— 1885 à 1886	102.06	49.09
— 1886 à 1886	108.78	42.00

4° *Masses cuites de 1er jet produites dans les mêmes sucreries, sous les mêmes influences de sol, de culture et de fabrication.*

1re série — 6 sucreries — 67 masses cuites :

Dans la campagne 1884 à 1885. . . .	96.55	59.30
— 1885 à 1886	103.10	48 18
— 1886 à 1887. . . .	109.37	41.60

2e série — 4 sucreries — 20 masses cuites.

Dans la campagne 1884 à 1885. . . .	89.13	67.55
— 1886 à 1887. . . .	108.18	43.79

3e série — 6 sucreries — 21 masses cuites.

Dans la campagne 1885 à 1886. . . .	101.30	49.07
— 1886 à 1887.	108.87	42.67

Il résulte de ces nombres que la quantité de sucre libre cristallisable en 1er, 2e et 3e jets va en augmentant sans interruption dans les masses cuites de 1er jet de la campagne 1884 à 1885 à la campagne 1885 à 1886, et de la campagne 1885 à 1886 à la campagne 1886 à 1887, aussi bien dans la généralité des sucreries placées dans des conditions diverses de nature du sol, de culture et de fabrication que dans les sucreries isolées placées dans les mêmes conditions de nature du sol, de culture et de fabrication, tandis que la quantité de mélasse va sans cesse en diminuant.

Une fabrique de sucre fabriquant 100 hectolitres de masse cuite de 1er jet par 24 heures, produirait en sucre cristallisable 1er, 2e et 3e jets :

	Sacs de 100 k.	Kilogr. de mélasse
Dans les sucreries placées dans des conditions différentes de sol, de culture et de fabrication. . .	939	6.168
Dans les sucreries isolées placées dans les mêmes conditions de sol, de culture et de fabrication : 1re série.	965	5.930
Id. 2e série.	891	6.755

Dans la campagne 1885 à 1886 :

	Sacs de 100 k.	Kilogr. de mélasse
Conditions variées.	1.020	4.909
Mêmes conditions	1.031	4.818

Dans la campagne 1886 à 1887 :

	Sacs de 100 k.	Kilogr. de mélasse
Conditions variées.	1.087	4.200
Mêmes conditions 1ʳᵉ série.	1.093	4.160
— 2ᵒ série.	1.081	4.379
— 3ᵉ série.	1.088	4.267

Ces nombres représentent l'amélioration produite en sucre libre cristallisable en 1ᵉʳ, 2ᵉ et 3ᵒ jets traduite en sacs de sucre; elle se résume en moyenne pour une sucrerie produisant 100 hectolitres de masse cuite 1ᵉʳ jet en 24 heures par une augmentation :

Dans la campagne 1885 à 1886 de . . . . 94 sacs en 24 heures.

— 1886 à 1887 de . . . . 156 —

Cet excédent de sucre est uniquement dû à une réduction dans les quantités de matières salines contenues dans les masses cuites de 1ᵉʳ jet.

La richesse en sucre de la betterave n'intervient pas dans cet excédent. Si cette richesse se trouve dans le même rapport, c'est-à-dire si elle augmente en même temps que les matières salines diminuent, la quantité de masse cuite s'en trouve augmentée ; c'est une autre nature d'amélioration qui ne doit pas être confondue avec la réduction de la quantité de matières salines dans les masses cuites et par suite dans les betteraves.

La mélasse seule intervient en fournissant le sucre aux dépens de sa quantité; aussi on la voit se réduire dans chaque campagne depuis 1884 à 1885.

Elle était pour 100 hectolitres de masse cuite :

Dans la campagne de 1884 à 1885 en 24 heures de 6.284 k.

— 1885 à 1886 — 4.863 k.

Pour se réduire en 1886 à 1887 — 4.250 k.

Ces nombres portent avec eux leur éloquence et leur enseignement.

IX

COMPOSITION SALINE DU NON-SUCRE CONTENU DANS LES MASSES CUITES DE 1ᵉʳ JET

L'examen fait dans les paragraphes VII et VIII du non-sucre contenu dans les masses cuites de 1ᵉʳ jet et formé naturellement dans la betterave, a fait connaître que sa composition pouvait être représentée par des matières salines et des matières organiques.

Le dosage des bases transformées en sulfates par l'incinération sulfurique a permis de déterminer le coefficient salin des masses cuites de 1ᵉʳ jet et par suite la quantité de sucre libre extractible, la quantité de sucre enchaîné à l'état de mélasse et par suite la quantité de mélasse qu'elles contiennent.

Le coefficient salin employé comme instrument de comparaison dose toutes les matières salines en bloc. Il est utile, pour résoudre la question qui fait le sujet de cette étude, de pénétrer plus profondément dans la composition des matières salines qui servent de base au coefficient salin et de déterminer sous quel état elles se trouvent dans les masses cuites de 1er jet et par suite dans les betteraves.

L'analyse fait reconnaître que les matières salines qui se trouvent en plus grande quantité dans les masses cuites de 1er jet sont : 1° le chlorure de potassium; 2° le nitrate de potasse ; 3° des sels de potasse et de soude à acides organiques. Outre ces sels, il peut s'y rencontrer des sulfates et phosphates de ces bases, mais en très petites quantités, qui peuvent être négligées dans ce dosage.

Le chlorure de potassium peut être facilement dosé sur la masse cuite elle-même étendue d'eau, par le nitrate d'argent et le chromate de potasse, méthode Pagnoul (1) ;

Le nitrate de potasse par la méthode Schlœsing, à l'aide de l'appareil Servatius (2).

Les sels de potasse et de soude à acides organiques se retrouvent dans l'incinération charbonneuse des masses cuites de 1er jet à l'état de carbonates de ces bases solubles dans l'eau. En effet, toutes les fois qu'on soumet à l'incinération charbonneuse des matières sucrées contenant des sels de potasse et de soude à acides organiques ou des nitrates de ces bases, ces sels se retrouvent toujours dans le résidu de l'incinération à l'état de carbonates solubles.

Les acides organiques en combinaison avec ces bases dans les matières sucrées sont difficiles à isoler; on sait qu'il y existe le plus souvent des oxalates, tartrates, acétates, glucates, apoglucates, aspartates de potasse. Il serait bien long et difficile de déterminer par l'analyse la quantité de ces acides combinés à ces bases, mais il est possible d'en déterminer le pouvoir saturant, c'est-à-dire l'équivalent acide. Il suffit pour cela de reconnaître par expérience la quantité d'acide sulfurique nécessaire pour saturer complètement ces bases.

Nous nous servons à cet effet de la liqueur et de la burette alcalimétrique de Gay-Lussac, dont 100° ou 50 cc. représentent 5 gr. d'acide sulfurique monohydraté (SO^3HO).

On obtient ainsi en degrés alcalimétriques le pouvoir saturant de l'ensemble des acides organiques combinés à la potasse et à la soude, exception faite de la potasse à l'état de nitrate.

Si l'on a préalablement dosé le nitrate de potasse, on peut déterminer la quantité de carbonate de potasse contenue dans le résidu charbonneux afférent au nitrate de potasse.

(1) Voir mon 1er volume de *Chimie théorique et pratique des industries du sucre*, p. 343. — 1883.

(2) Appareil en construction chez M. Demichel, 24, rue Pavée, au Marais, Paris.

TABLEAU N° 5

*donnant pour chacune des trois campagnes le nombre des masses cuites de 1ᵉʳ jet ana-
lysées, le chlorure de potassium, le nitrate de potasse et l'équivalent des acides organiques combinés à la potasse et à la soude, représenté en degrés alcalimétriques de
Gay-Lussac, déduction faite des degrés alcalimétriques représentant le nitrate de potasse qu'elles contiennent.*

Désignation de la série	Numéro d'ordre	CAMPAGNE DE 1884 A 1885				CAMPAGNE DE 1885 A 1886				CAMPAGNE DE 1886 A 1887			
		Masses cuites de 1ᵉʳ jet	Chlorure de potassium	Nitrate de potasse	Acides organiques combinés à la potasse	Masses cuites de 1ᵉʳ jet	Chlorure de potassium	Nitrate de potasse	Acides organiques combinés à la potasse	Masses cuites de 1ᵉʳ jet	Chlorure de potassium	Nitrate de potasse	Acides organiques combinés à la potasse
	1	2	3	4	5	6	7	8	9	10	11	12	13
1ʳᵉ série	1	10	1.39	0.90	41°0	9				11	0.43	0.17	24°4
	2	2	1.36	0.75	47.8	1	1.00	0.15		5	0.73	0.42	33.0
	3	2	0.63	2.00	22.7	5	0.48			4	0.38	Traces	37.0
	4	2	1.04	1.55	30.0	1	0.60			2	0.50	.	24.
	5	2	1.05	0.82	42.1	1	0.63			1	0.55	0.20	22.0
	6	6	1.54	0.73	38.0	2	1.26	0.49		1	0.50	0.35	28.6
2ᵉ série	7	7	1.20	1.08	46.6					1	0.40	0.15	22.6
	8	5	1.22	1.73	43.3					1	0.60	0.45	30.7
	9	1	1.69	0.40	34.2					2	0.70		26.5
	10	2	1.27	0.41	38.1					1	0.50		
3ᵉ série	11					6	0.74	0.42		2	0.60	0.18	
	12					2	0.70	0.80		2	0.47	0.18	
	13					1	0.65			2	0.50		
	14					1	1.00			1	0.60		
	15					1	0.70	0.40		1	0.45	0.25	
	16					1	0.80			1	0.40	0.35	
4ᵉ série	17	13	1.10	1.03	40.0	4	0.71	0.25		5	0.55	0.40	
	18	2	1.05	1.41	46.4								
	19	1	0.82	0.50	65.2					1	0.60	0.35	
	20	1	0.85	1.50	31.5					1	0.50	0.25	
	21	1	1.05	0.70	48.3					1	0.60		23.0
	22	1	1.27	1.05	40.0					5	0.63	0.40	
	23					1	0.80	0.40					
	24									3	0.35	Traces	
	25									1	0.50		25.5
	26									4	0.57	0.30	
	Moyenne		1.15	1.03	40.9		0.77	0.41			0.53	0.25	27.0

En traduisant, pour la simplification des calculs, la quantité de nitrate de
potasse en équivalent d'acide sulfurique, ou même en degrés alcalimétriques
employés pour la saturation du carbonate soluble afférent au nitrate, et les
retranchant du titre total trouvé, on obtient, en degrés alcalimétriques sul-

furiques, l'équivalent des acides organiques qui étaient combinés à la potasse et à la soude dans la matière sucrée analysée.

Pour cette transformation du nitrate de potasse en acide sulfurique on peut prendre pour base de calcul le rapport suivant : 1 gramme de nitrate de potasse correspond à 0 gr. 4844 d'acide sulfurique monohydraté, ou en degrés alcalimétriques 9°69.

Le tableau ci-dessus, n° 5, résume, pour chacune des 3 campagnes, les résultats que nous avons obtenus.

X

EXAMEN COMPARATIF DES MASSES CUITES DE 1er JET AU POINT DE VUE DU CHLORURE DE POTASSIUM, DU NITRATE DE POTASSE ET DES ACIDES ORGANIQUES COMBINÉS A LA POTASSE ET A LA SOUDE QU'ELLES CONTIENNENT.

Les masses cuites de 1er jet prises dans leur généralité, analysées; réparties dans les 3 campagnes 1884-85 à 1886-87, contiennent en moyenne pour 100 grammes :

	En chlorure de potassium —	Nitrate de potasse —	Acides organiques représentés en équivalents d'acide sulfurique ou degrés alcalimétriques
Dans la campagne 1884 à 85.	1ᵍ,15	1ᵍ,03	40°,9
— 1885 à 86.	0. 77	0. 41	?
— 1886 à 87.	0. 53	0. 25	27°,0

Il résulte de ces nombres que les sels de potasse à acides minéraux et les sels de potasse et de soude à acides végétaux ont été successivement en diminuant depuis la campagne 1884-85 prise pour point de comparaison.

1.° *En ce qui concerne le chlorure de potassium.*

Si l'on représente par 100 la quantité moyenne de chlorure de potassium contenue dans les masses cuites de 1er jet de la campagne 1884-85, on obtient comme nombre proportionnel :

        Pour la campagne 1885-86   66
        —   1886-87   46

C'est-à-dire que s'il existait 100 de chlorure de potassium dans un poids déterminé de masse cuite de 1er jet, il n'en n'existait plus que 46 dans la campagne 1886-87.

2° *En ce qui concerne le nitrate de potasse.*

 ⁻ En représentant également par 100 la quantité moyenne de nitrate de potasse contenue dans les masses cuites de 1ᵉʳ jet, dans la campagne 1884-85, il n'en n'existait :

> Dans la campagne 1885-86 que   39
> Et dans la campagne 1886-87 que   24

3° En ce qui concerne les acides organiques combinés à la potasse et à la soude.

·En représentant également par 100 les acides organiques, on trouve pour nombre proportionnel, pour la campagne 1886-87   66

Il résulte des analyses et des observations rapportées dans ce paragraphe que l'amélioration produite par la réduction des matières salines entrant dans la composition du non-sucre provenant du sol, dans les masses cuites de 1ᵉʳ jet, et par suite dans les betteraves, a été pour :

> *Le chlorure de potassium* dans la campagne 1885-86 de . . .   34 p. 100
> —   —   1886-87 de . . .   54   —
> *Le nitrate de potasse*   —   1885-86 de . . .   61   —
> —   —   1886-87 de . . .   76   —

· Pour les bases potasse et soude en combinaison avec des acides organiques et dans la formation des acides organiques par la végétation dans la proportion, pour la campagne 1886-87, de. . . . .   34 p. 100

Le produit de l'incinération des masses cuites de 1ᵉʳ jet contient le plus souvent du carbonate de chaux insoluble qui représente les sels de chaux à acides organiques contenus dans la masse cuite analysée et qu'il est facile de doser dans le résidu charbonneux de l'incinération. Nous n'en avons pas tenu compte dans ce paragraphe par ce motif que la délécation trouble, bien pratiquée, doit éiiminer ces sels de chaux, qui sont d'ailleurs en grande partie un produit accidentel de la fabrication.

XI

MATIÈRES ORGANIQUES CONTENUES DANS LE « NON-SUCRE » DES MASSES CUITES DE 1ᵉʳ JET

La méthode généralement employée dans tous les laboratoires industriels et commerciaux pour l'analyse des matières sucrées dose :

1° L'eau par dessiccation à l'étuve chauffée à 100 ou 110° ;

2° Le sucre cristallisable dosé par rotation ;

3° Le glucose dosé par la liqueur alcalino-cuprique ;

4° Les sels par l'incinération sulfurique que l'on transforme en carbonates par une réduction de 1/10ᵉ ou de 2/10°.

Les nombres réunis provenant de ces dosages donnent un total inférieur au poids de la matière soumise à l'analyse.

Le nombre manquant est porté dans le libellé de l'analyse comme représentant les *matières organiques.*

3

Dans l'analyse commerciale des sucres, ce manquant est désigné sous le nom d'*inconnu*.

Le dosage des matières organiques se fait donc par différence, et à ce titre il est soumis à toutes les erreurs qui peuvent se commettre dans les différentes déterminations qui ont lieu par différence ; mais il existe également d'autres causes d'erreur qui tiennent à l'interprétation des résultats obtenus dans les différentes déterminations de l'analyse et qu'il est utile d'examiner, d'autant plus que dans la fabrication du sucre on fait jouer un grand rôle aux matières organiques, c'est-à-dire à l'inconnu. Ainsi lorsqu'il se présente quelques difficultés dans la fabrication : cuites grasses et difficiles, fermentation, abaissement du rendement en sucre, ce sont, dit-on, les matières organiques qui les occasionnent.

En osmose, si les résultats ne correspondent pas aux espérances, ce sont les propriétés mélassigènes des matières organiques qui en sont la cause.

Au siècle dernier, quand quelque chose de fâcheux arrivait, on disait : *c'est de la faute à Rousseau.*

Aujourd'hui, dans la fabrication du sucre, les matières organiques sont devenues le *Rousseau de la fabrication.*

Qu'est-ce donc que cet inconnu, que ces matières organiques ? N'est-il pas possible de pénétrer un peu plus profondément que l'on ne le fait généralement dans l'examen de cet inconnu, comme nous l'avons déjà fait pour le *non-sucre* et pour les matières minérales qui entrent dans sa composition ? Examinons !

Avant l'introduction dans l'analyse chimique des matières sucrées par l'incinération sulfurique, procédé du Dr Scheibler, on dosait les matières minérales dans les sucres et les matières sucrées en les soumettant à une incinération complète, c'est-à-dire suffisamment prolongée pour brûler tout le charbon mélangé aux matières minérales dans le résidu de l'incinération (méthode Dubrunfaut-Péligot).

Le résidu de cette incinération pesé constituait la quantité de principes minéraux contenus dans la matière sucrée analysée et qui s'y retrouvent en grande partie à l'état de carbonates de potasse, de soude et de chaux.

Cette méthode était longue et inexacte : longue pour arriver à brûler tout le charbon qui se trouvait dans le résidu, inexacte parce qu'il y avait volatilisation d'une partie des chlorures pendant l'incinération.

Le procédé de l'incinération avec addition d'acide sulfurique simplifia singulièrement cette opération en facilitant la destruction des matières organiques et du charbon, mais les principes minéraux se retrouvaient dans le résidu de l'incinération à l'état de sulfates de potasse, de soude et de chaux, et les nombres obtenus n'étaient plus comparables à ceux résultant de l'incinération ordinaire.

De là est née l'idée de transformer ces cendres sulfuriques en carbonates ; de nombreuses expériences comparatives par les deux procédés ont établi qu'en retranchant $1/10^e$ du poids trouvé dans l'incinération sulfurique on avait très approximativement le poids qu'aurait donné l'incinération complète sans addition d'acide sulfurique. Plus tard M. Viollette établit, par de nouvelles expériences, que l'on était plus près de la vérité en retranchant deux dixièmes au lieu d'un dixième, mais aucun de ces deux nombres n'étant rigoureusement exact, les uns ont conservé la correction de 1/10ᵉ et d'autres chimistes celle de 2/10ᵉˢ.

Les cendres sulfuriques ainsi corrigées représentent donc les bases minérales des matières sucrées transformées en carbonates.

Mais ces bases ne se trouvent pas dans les matières sucrées en cet état. Nous avons vu, dans les paragraphes VIII et IX, que ces bases s'y trouvaient en combinaison avec divers acides inorganiques et organiques.

Or les acides inorganiques et organiques ont un équivalent plus élevé que l'acide carbonique, c'est-à-dire que le poids de ces acides combinés à une même quantité de base potasse, soude ou chaux, est beaucoup plus élevé que celui de l'acide carbonique combiné à la même quantité de base.

Il résulte de là qu'en représentant les bases potasse, soude et chaux à l'état de carbonates dans les cendres lorsqu'elles se trouvent dans la matière sucrée analysée, en combinaison avec des acides minéraux et organiques ayant un équivalent plus élevé que celui de l'acide carbonique, l'analyse commet une grave erreur en attribuant à des matières organiques indéterminées ce qui revient à des acides minéraux et organiques, dont le rôle se trouve parfaitement défini.

On connaît l'existence d'un certain nombre de sels à acides minéraux et organiques dans les matières sucrées provenant de la betterave. Parmi les acides minéraux il faut distinguer l'acide nitrique, le chlore, l'acide sulfurique, l'acide phosphorique; parmi les acides végétaux l'acide oxalique (Dubrunfaut) (1), l'acide malique (Payen) (2), l'acide citrique) Landolff) (3), l'acide acétique.

On sait en outre qu'il peut s'y trouver également des glucates, des apoglucates, des mélassates, des métapectates, des aspartates de ces bases, dont l'équivalent des acides est parfaitement déterminé.

Il est possible de se rendre compte des erreurs auxquelles entraîne le dosage des bases potasse, soude et chaux primitivement combinées avec ces acides, représentées à l'état de carbonates dans le produit de l'incinération des matières sucrées, en prenant pour point de comparaison l'équivalent de l'acide carbonique avec l'équivalent de chacun de ces acides contenus dans ces différents sels.

L'équivalent de l'acide carbonique CO² = ... 22
L'équivalent de l'acide nitrique AzO⁵ = ... 54.044
Soit une différence de. 32.044

Il résulte de ces chiffres que 22 d'acide carbonique, dans le produit de l'incinération, représentent 54.044 d'acide nitrique dans la matière analysée, et que la différence entre ces deux nombres, égale à 32,044, se trouve comptée dans l'analyse comme matières organiques, alors qu'elle représente de l'acide nitrique contenu réellement dans la matière analysée.

L'analyse constatera donc pour 22 d'acide carbonique, calculé comme existant dans le produit de l'incinération : matières organiques 32,044, alors qu'il

---

(1) Dubrunfaut. — *Art de fabriquer le sucre de betteraves*, page 551. — 1825.
(2) Leplay. — *Chimie théorique et pratique des industries du sucre*, page 212. — 1883.
(3) Landolff. — *Rapport sur les essais de raffinage du sucre de betterave à Cologne*. — 1868.

ne s'y trouvera aucune trace des matières désignées sous le nom de matières organiques.

Il y a donc, dans ce moyen de déterminer la quantité de matières organiques, une erreur matérielle qui fait trouver des matières organiques là où il n'existe que des acides minéraux.

Pour l'acide nitrique cette erreur est considérable ; si l'on représente par 100 les 22 d'acide carbonique, l'erreur sera de $\dfrac{32.044 \times 100}{22} = 145$, c'est-à-dire de 145 p. 100.

Cette erreur sera d'autant plus grande que l'équivalent de l'acide, en combinaison avec les bases, sera plus élevé.

Nous avons appliqué les mêmes calculs aux différents acides minéraux et organiques qui se rencontrent dans les matières sucrées, et nous avons résumé les nombres obtenus dans le tableau suivant, n° 6.

TABLEAU N° 6

donnant l'équivalent des différents acides que l'on rencontre dans les matières sucrées en combinaison avec les bases potasse, soude et chaux et des erreurs que leur présence entraîne dans le dosage des matières organiques par la méthode généralement en usage.

Numéro d'ordre	DÉSIGNATION de l'acide dans les sels	Formule chimique dans les sels	Equivalent chimique	Erreur dans le dosage des matières organiques p. 100 d'acide carbonique
1	2	3	4	5
1	Acide carbonique	$C\,O^2$	22.000	100
2	Acide nitrique	$Az\,O^5$	54.044	145
3	Chlore	Cl	35.457	61
4	Acide sulfurique	$S\,O^3$	40.037	81
5	— phosphorique	$Ph\,O^5$	71.000	222
6	— oxalique	$C^2\,O^3$	36.000	63
7	— malique	$C^4\,H^2\,O^4$	58.000	163
8	— citrique	$C^{12}\,H^5\,O^{12}$	132.000	500
9	— acétique	$C^4\,H^3\,O^3$	51.000	131
10	— glucique	$C^{12}\,H^8\,O^8$	144.000	554
11	— apoglucique	$C^{16}\,H^9\,O^9$	189.000	759
12	— mélassique	$C^{24}\,H^{12}\,O^{10}$	236.000	975
13	— métapectique	$C^8\,H^5\,O^7$	109.000	395
14	— aspartique	$C^5\,H^7\,Az\,O^4$	77.044	250

Il résulte des nombres contenus dans la colonne n° 5 de ce tableau, que la présence des acides minéraux en combinaison avec les bases potasse, soude et chaux dans les matières sucrées peut occasionner des erreurs dans le dosage des matières organiques pouvant s'élever jusqu'à 222 p. 100 de la quantité d'acide carbonique existant dans le produit de l'incinération et que la présence de certains acides organiques peut porter cette erreur jusqu'à 975 p. 100.

En présence de ces nombres, on peut admettre : que ce qu'on représente comme des matières organiques est dû surtout à des acides minéraux et organiques en combinaison avec les bases potasse, soude et chaux; que le non-sucre contenu dans les matières sucrées consiste surtout en matières salines à bases de potasse, de soude et de chaux, en combinaison avec des acides minéraux et organiques (à part le non-sucre résultant de l'altération du sucre cristallisable pendant les opérations de la fabrication), et que les matières organiques indéfinies ne peuvent s'y trouver qu'en petite quantité.

Les phénomènes observés dans l'application de l'osmose confirment complètement cette conclusion. Parmi les nombreux exemples que nous pourrions citer, il nous suffira d'en citer un seul.

Une mélasse mise en osmose contenant en moyenne, pour 100 de sucre, en matières organiques 36.55
a donné une mélasse d'exosmose contenant, p. 100 de sucre, en matières organiques. 101.87

Cette mélasse d'exosmose remise en osmose a donné une mélasse saline d'exosmose contenant p. 100 de sucre, en matières organiques . . 202.05

Les soi-disant matières organiques passent donc dans les eaux d'exosmose comme les sels à travers le papier parchemin et par conséquent sont diffusibles.

Nous avons relaté ce fait remarquable de la diffusion de ce qu'on appelle les matières organiques dans l'application de nos procédés de suppression de la mélasse par l'osmose perfectionnée (1) :

464,870 kilogrammes de mélasse mise en osmose, après cuite en grain, ont donné, après 34 cuites en grain successives des mélasses osmosées et réosmosées, un résidu pesant 40,709 kilogrammes.

La mélasse contenait p. 100 de sucre, en matières organiques avant osmose . . . . 39^k,90
La mélasse résidu, après osmose. 29 33

Il résulte de ces nombres qu'il était entré en osmose, en matières organiques, dans la totalité des mélasses . . . . 92.741 kil.
Et qu'il restait dans la totalité du résidu après osmose . . . 5.410

Il avait donc disparu, dans la totalité des eaux d'exosmose, en matières organiques . . . . 87.331 kil.

En présence de ces chiffres il n'y a donc pas lieu de tenir grand compte de la soi-disant impuissance de l'osmose sur les matières organiques; mais nous avons remarqué que leur vitesse de passage à travers le papier parchemin avait un certain rapport avec leur équivalent chimique et qu'il pouvait être nécessaire de tenir compte des différences que peuvent présenter les matières sucrées au point de vue de l'équivalent relatif des matières organiques qu'elles contiennent prises et dosées dans leur ensemble.

Si par exemple on représente par 100 les cendres sulfuriques corrigées par 0,9, et que l'on y compare les matières organiques correspondant à ce chiffre pris pour terme de comparaison, on obtient un nombre qui représentera l'équivalent relatif des matières organiques.— Cet équivalent sera d'autant plus grand que le nombre obtenu sera moins élevé. — Exemple : l'analyse d'une

____

(1) Voir notre brochure, page 4 et suivantes,

masse cuite de 1ᵉʳ jet donne en cendres corrigées par 1₁10° . 3 gr. 60 p. 100 en matières organiques. . . . . 5 gr. 90 —

Le calcul suivant établit le rapport des matières organiques à 100 de cendres et donne comme produit l'équivalent relatif des matières organiques 163, soit $\dfrac{5.90 \times 100}{3.60} = 163$.

Si les matières organiques se trouvaient être de 6,90 au lieu de 5,90, on obtiendrait pour équivalent proportionnel $\dfrac{6,90 \times 100}{3,60} = 191$.

On pourrait conclure de cette différence entre les deux équivalents de 163 et 191, que la masse cuite de 1ᵉʳ jet à équivalent plus élevé donnerait des bas produits qui s'osmoseraient moins facilement et donneraient une cristallisation en sucre moins rapide et moins abondante.

Il en serait de même si les matières organiques, au lieu d'augmenter restaient fixes, et si les matières salines allaient en augmentant.

Nous avons appliqué à l'analyse des masses cuites de 1ᵉʳ jet ces données qui nous servent de guide dans l'osmose, afin de saisir, s'il est possible, les différences que peuvent présenter les matières organiques contenues dans les masses cuites de 1ᵉʳ jet produites dans chacune des trois campagnes de 1884 à 1887.

Le tableau suivant résume les quantités de matières organiques considérées dans leur ensemble par rapport :

à 100 de masse cuite en poids,   colonnes 3, 7 et 11
à 100 de sucre   —   —   4, 8 et 12
à 100 de cendres corrigées en poids,   —   5, 9 et 13

TABLEAU N° 7

donnant, pour chacune des trois campagnes, le nombre des masses cuites de 1er jet, la quantité moyenne de matières organiques qu'elles contiennent p. 100 de masse cuite, p. 100 de sucre et p. 100 de cendres, en poids.

Désignation de la série	Numéro d'ordre	CAMPAGNE DE 1884 A 1885				CAMPAGNE DE 1885 A 1886				CAMPAGNE DE 1886 A 188			
		Masses cuites	p. 100 masse cuite	p. 100 sucre	p. 100 cendres	Masses cuites	p. 100 masse cuite	p. 100 sucre	p. 100 cendres	Masses cuites	p. 100 masse cuite	p. 100 sucre	p. 100 cendres
	1	2	3	4	5	6	7	8	9	10	11	12	13
1re série	1	10	9.91	12.33	161 92	9				11	4.50	5.27	127.42
	2	2	7.18	8.61	130.30	1	6.00	7.16	146.34	5	4.29	5.29	105.92
	3	2	9.70	11.96	197.95	5	6.63	8.11	160.92	4	4.37	5.26	107 90
	4	2	8.44	14.09	144.27	1	4.20	5.06	110.52	2	2.90	3.39	90.60
	5	2	7.52	8.97	151.30	1	8.00	9.76	222.22	1	4.40	5.23	122.22
	6	6	10 49	13.28	155.63	2	8.53	10.63	141.45	1	6.50	7.92	144.44
2e série	7	7	9.59	12.02	156.18					1	2.90	3.38	116.00
	8	5	10.08	12.57	175.31					1	4.50	5.36	95.74
	9	1	9.50	12.11	156.24					2	4.55	5.43	107 0.
	10	2	9.27	11.75	145.52					1	5.70	6.90	121.27
3e série	11					6	7.00	8.47	151.18	2	5.95	7.14	137.21
	12					2	5.95	7.64	113.33	2	3.25	3.88	98.48
	13					1	7.30	9.11	143.13	2	4.55	5.52	112.33
	14					1	6.90	8.50	172.50	1	5.70	6.88	126.6
	15					1	5.60	6.83	124.44	1	4.90	5.73	136.11
	16					1	6.45	7.70	167.52	1	3.75	4.34	97.40
4e série	17	13	9.53	11.68	164.87	4	8.11	9.87	174.03	5	3.57	4.21	108.18
	18	2	10.60	13.02	188.57								
	19	1	12.65	15.77	245.63					1	2.40	2.77	57.14
	20	1	8.40	10.21	143.58					1	5.70	6.81	158 33
	21	1	9.93	12.11	183.88					1	4.10	5.11	87.23
	22	1	14.00	18.71	228.75					5	4.47	5.28	112.87
	23					1	8.70	10.62	177.55				
	24									3	5.30	6.30	187.27
	25									1	2.40	2.80	58.53
	26									4	3.65	4.37	88.59
	Moyenne		9.79	12.44	170.61		6.87	8.42	154.24		4.34	5.19	112.70

XII

EXAMEN COMPARATIF DES MASSES CUITES DE 1ᵉʳ JET AU POINT DE VUE DES MATIÈRES ORGANIQUES QU'ELLES CONTIENNENT, EN MOYENNE, PAR RAPPORT A 100 DE MASSE CUITE, A 100 DE SUCRE ET A 100 DE CENDRES.

Les masses cuites de 1ᵉʳ jet, prises dans leur généralité, ont donné à l'analyse en moyenne :

	p 100 masse cuite	p. 100 sucre	p. 100 cendres
Dans la campagne 1884-1885.	9.79	12,44	170.61
— 1885-1886.	6.87	8.42	154.24
— 1886-1887.	4.34	5.19	112.70

Ainsi, que l'on compare la quantité de matières organiques contenues dans les masses cuites de 1ᵉʳ jet, en poids, soit à 100 de masses cuites de 1ᵉʳ jet, soit à 100 de sucre contenu dans la masse cuite, soit à 100 de cendres fournies par l'incinération sulfurique corrigées par 0,9, on remarque qu'elles ont été successivement en diminuant depuis la campagne 1884-1885 à la campagne 1886-1887 (1).

Si, comme nous l'avons fait précédemment, on représente par 100 les matières organiques contenues pour 100 gr. de sucre dans les masses cuites de 1ᵉʳ jet de la campagne 1884-1885, on trouve pour la campagne 1885-1886 le nombre proportionnel 67
et pour la campagne 1886-1887 celui 41

L'amélioration produite par la diminution des matières organiques dans les masses cuites de 1ᵉʳ jet a donc été, dans la campagne 1885-1886, de . . . . 33 p. 100
et dans la campagne 1886-1887 de. . . . . 59 »

Le même calcul établit que l'équivalent des matières organiques a été également en diminuant :

Dans la campagne 1885-1886 dans la proportion de 100 à 90
— 1886-1887 — 100 à 66

L'amélioration produite dans l'équivalent des matières organiques a donc été dans la campagne 1885-1886 de. . . . . 10 p. 100
et dans la campagne 1886-1887 de. . . . . 34 »

XIII

DE LA CHAUX SALINE CONTENUE DANS LE NON-SUCRE DES MASSES CUITES DE 1ᵉʳ JET

La chaux peut se trouver sous trois états différents dans les masses cuites de 1ᵉʳ jet :

1° A l'état de sucrate de chaux ;

2° En combinaison avec des acides organiques ;

3° En combinaison avec des acides minéraux.

Lorsqu'il reste de la chaux libre dans le jus de betteraves après la défécation trouble et la double carbonatation, elle disparaît en grande partie, le
plus souvent complètement :

1° Par son action sur les sels ammoniacaux en donnant naissance à de
l'ammoniaque qui se dégage et à des sels de chaux à acides organiques solubles ;

2° Par son action décomposante sur les matières organiques azotées, en
donnant également naissance à de l'ammoniaque qui se dégage, à du carbonate de chaux qui se précipite et à des sels de chaux à acides organiques
solubles.

Si après ces diverses réactions il reste dans les masses cuites de 1er jet de
la chaux libre, on peut la considérer comme existant à l'état de sucrate de
chaux ; mais, en général, c'est là un cas exceptionnel.

Les sels de chaux à acides organiques qui existent dans les masses cuites
de 1er jet peuvent également provenir de l'action de la chaux sur le glucose
qui se forme en plus ou moins grande quantité pendant la conservation des
betteraves, surtout lorsqu'elles ont végété depuis l'arrachage, action de la
chaux qui donne naissance à des sels de chaux à acides organiques, des glucates et des apoglucates.

Quant à la chaux combinée à des sels minéraux solubles, c'est là un cas
exceptionnel qui ne se rencontre que dans des betteraves ayant végété dans
des terrains contenant du gypse (sulfate de chaux) ; elle peut être négligée
dans cette étude.

Dans tous les cas, quelle que soit la forme sous laquelle la chaux se rencontre dans les matières sucrées en cours de travail et particulièrement dans
les masses cuites de 1er jet, soit à l'état de sucrate de chaux, soit en combinaison avec des acides organiques, si elle s'y trouve en certaine quantité elle
est la source de graves inconvénients dans la fabrication.

C'est à sa présence, surtout à l'état de sucrate de chaux, que sont dues les
difficultés que l'on rencontre dans la cuite, cuite immobile et incomplète. Il
se forme alors à la surface des serpentins une pellicule de sucrate de chaux
qui empêche la communication de la chaleur à travers les surfaces métalli-
ques.

Ce sont ces sels de chaux à acides organiques, qui donnent de la viscosité
aux masses cuites, qui occasionnent les cuites grasses, qui empêchent dans
les bacs de cristallisation les grains de sucre de se former, de se nourrir, de
grossir, de devenir assez lourds pour se déposer, qui donnent aux masses
cuites de 2e et 3e jets, par leur cristallisation en masse sans mélasse de dépres-
sion, l'apparence et l'espérance d'un grand rendement en sucre que le turbinage fait disparaître en constatant un rendement très inférieur.

Ces effets sont bien plus désastreux si l'on applique l'osmose à ces bas
produits ; les sels de chaux, n'étant que très peu ou n'étant pas diffusibles, ne
passent pas dans les eaux d'exosmose à travers le papier parchemin et vont
ainsi, en s'accumulant dans la mélasse osmosée, augmenter les effets pernicieux de leur accumulation. Non seulement cette accumulation des sels de
chaux dans les bas produits osmosés présente les inconvénients qui viennent

d'être signalés, mais leur présence dans les mélasses soumises à l'osmose diminue la sortie, dans les eaux d'exosmose, des autres sels de potasse et de soude et restreint ainsi l'effet utile de l'osmose dans le même temps, c'est-à-dire que si un osmogène peut osmoser en 24 heures, dans des conditions bien déterminées, 3,000 kilogr. de mélasse exempte à peu près complètement de sels de chaux, il ne pourra plus osmoser que 2,000 kilogr. si cette mélasse contient une certaine quantité de sels de chaux à acides organiques.

C'est alors qu'il devient indispensable d'éliminer la chaux par un traitement au carbonate de soude qui a pour résultat de substituer la soude à la chaux dans les sels de chaux et de donner des sels de soude à acides organiques qui diffusent plus facilement que les sels de chaux et qui, par conséquent, peuvent être éliminés dans les eaux d'exosmose.

La chaux seule se trouve éliminée par cette substitution; l'acide organique avec lequel elle était combinée reste et constitue une impureté d'autant plus grande que les acides organiques combinés à la chaux dans ce cas se trouvent avoir un équivalent chimique plus élevé; l'emploi du carbonate de soude n'est donc qu'un mode d'épuration imparfait, qui doit être employé quand on ne peut pas mieux faire.

Mais il est un moyen d'éliminer en cours de fabrication tout ou au moins la plus grande partie des sels de chaux qui se rencontrent dans les masses cuites de 1er jet. Ce moyen consiste dans une bonne pratique de la défécation trouble et de la double carbonatation. Ces opérations, convenablement pratiquées, éliminent tous les sels de chaux, de telle sorte qu'il ne s'en trouve plus ou qu'il ne s'en trouve que de très petites quantités dans les masses cuites de 1er jet et par suite dans les sirops et mélasses des bas produits. Mais une particularité remarquable, qui doit fixer l'attention sur ce moyen et lui donner la préférence sur tout autre, c'est que, dans ces opérations, non seulement la chaux est éliminée, mais même l'acide organique avec lequel elle se trouvait combinée; l'épuration se trouve donc ainsi beaucoup plus complète.

Il résulte de ce qui précède que la chaux en combinaison organique dans les masses cuites de 1er jet et tous les inconvénients que la présence de ces combinaisons présentent dans le travail des bas produits et dans la pratique de l'osmose, proviennent d'une mauvaise application des procédés ordinaires de la fabrication et doivent être rangés dans le *non-sucre* produit par la fabrication elle-même.

Il est donc important de rechercher et de doser la chaux dans les produits en cours de fabrication et particulièrement dans les masses cuites de 1er jet, comme vérification du degré de perfection des opérations de la fabrication pour leur élimination, et comme avertissement d'y porter remède dans le cas d'élimination incomplète et insuffisante.

Il était également utile, pour la solution de la question qui fait le sujet de ce travail, d'examiner quelles différences pouvaient présenter les masses cuites de 1er jet produites dans les trois campagnes de 1884 à 1887, au point de vue de la chaux qu'elles renferment, afin de constater si l'amélioration produite successivement dans les campagnes 1885-86 et 1886-87 dans les différents composants du *non-sucre* se produira également par la réduction des combinaisons organiques à base de chaux.

— 43 —

TABLEAU N° 8

Donnant pour chacune des trois campagnes le nombre de masses cuites de 1er jet analysées, les quantités de chaux saline (CaO) contenues en moyenne pour 100 de masse cuite en poids et pour 100 grammes de sucre dans les masses cuites.

		CAMPAGNE 1884-1885			CAMPAGNE 1885-1886			CAMPAGNE 1886-1887		
Numéro de la série	Numéro d'ordre	Masses cuites	Chaux CaO p. 100 masse cuite	Chaux CaO p. 100 de sucre	Masses cuites	Chaux CaO p. 100 masse cuite	Chaux CaO p. 100 de sucre	Masses cuites	Chaux CaO p. 100 masse cuite	Chaux CaO p. 100 de sucre
1	2	3	4	5	6	7	8	9	10	11
1re série	1	10	0.11	0.135	9	0 09	0.110	11	0 04	0.046
	2	2	0.06	0 072	1	0.05	0.059	5	0.05	0.059
	3	2	0.09	0.111	5	0.05	0 061	4	0.08	0.096
	4	2	0.08	0.098	1	0.05	0 061	2	0.04	0.046
	5	2	0.07	0.083	1	0.03	0.036	1	0 03	0 035
	6	6	0.29	0.368	2	0.24	0.297	1	0.15	0.182
2e série	7	7	0.18	0.225				1	0.06	0.070
	8	5	0.08	0.099				1	0.02	0.024
	9	1	0.27	0.344				2	0.06	0.071
	10	2	0.23	0.291				1	0.05	0.060
3e série	11				6	0.23	0 278	2	0.20	0.240
	12				2	0.55	0.706	2	0.05	0.059
	13				1	0.25	0.312	2	0.14	0.169
	14				1	0 17	0.209	1	0.09	0.108
	15				1	0.12	0.146	1	Traces	Traces
	16				1	0.03	0.035	1	0.04	0.046
4e série	17	13	0.08	0.098	4	0.18	0.219	5	0.12	0.141
	18	2	1.03	1.263						
	19	1	0.04	0.048				1	Traces	Traces
	20	1	0.02	0.024				1	0.08	0.095
	21	1	0.19	0.231				1	0.24	0 299
	22	1	0.09	0.120				5	0.10	0.118
	23				1	0.03	0.036			
	24							3	0.25	0.298
	25							1	0.04	0.046
	26							4	0.16	0.189
	Moyenne		0.18	0.245		0.14	0.182		0.08	0.104

Le moyen le plus facile, le plus rapide et suffisamment exact de doser la chaux dans les liquides sucrés est la méthode de Boutron et Boudet (1). Elle peut être pratiquée sur la matière sucrée elle-même étendue d'une quantité suffisante d'eau ou sur la dissolution par un acide du carbonate de chaux

(1) Voir mon 1er volume de *Chimie théorique et pratique des industries du sucre*, page 337.

contenu dans le produit de l'incinération charbonneuse de la matière sucrée soumise à l'analyse épuisée par des lavages à l'eau, comme cela a été indiqué ci-dessus, paragraphe IX.

La chaux a été dosée dans les différentes masses cuites de 1er jet produites dans les campagnes 1884-85, 1885-86 et 1886-87 en opérant directement sur la masse cuite de 1er jet dissoute dans l'eau, par la liqueur hydrotimétrique de Boutron et Boudet; les nombres obtenus se trouvent résumés dans le tableau n° 8 ci-dessus, représentant les quantités moyennes de chaux CaO, ramenées à 100 de masse cuite, colonnes n°s 4, 7, 10, et à 100 de sucre contenu en moyenne dans les masses cuites analysées colonnes n°s 5, 8, 11.

Il ne faut pas confondre, dans les nombres obtenus représentés par de la chaux CaO, les nombres fournis par divers chimistes, qui traduisent le degré d'alcalinité des produits sucrés en quantités équivalentes de chaux (CaO). Cette manière de représenter l'alcalinité des produits sucrés en cours de travail donne une idée très fausse de la composition de ces liquides en représentant comme de la chaux l'alcalinité qui existe le plus souvent en l'absence de toute chaux libre et qui peut être due exclusivement à la présence de la potasse libre.

Cette désignation de l'alcali libre en quantité de chaux (CaO) pouvait se justifier lorsque l'on ignorait la présence de la potasse libre à peu près constante dans les jus déféqués; aujourd'hui cette désignation ne peut être due qu'à une habitude routinière qui n'aurait d'autre importance que d'émettre une fausse interprétation de l'analyse, si elle n'entraînait pas des conséquences désastreuses pour la fabrication du sucre.

En effet, en traduisant les résultats du dosage de l'alcali libre en chaux, il arrive que lorsque cette alcalinité fait défaut ou n'est pas suffisante, et que les phénomènes de fermentation se manifestent, le praticien, sur les indications de l'analyse, ajoute du lait de chaux dans les bacs en cristallisation et dans les sirops et mélasses de turbinage, et il en résulte tous les inconvénients de la présence de la chaux et des sels de chaux sur le rendement en sucre et sur l'osmose signalés ci-dessus. Nous sommes témoin tous les jours des effets pernicieux de la présence de la chaux et des sels de chaux dans les bas produits de la fabrication du sucre de betteraves. On doit donc considérer cette interprétation de l'alcalinité comme entretenant l'emploi d'une pratique désastreuse, qui devrait disparaître par l'énoncé plus correct des résultats réels de l'analyse chimique.

Cet énoncé doit donc porter, sans les confondre, le dosage de la chaux saline, comme complètement indépendant de l'alcali libre contenu dans la matière sucrée analysée; c'est ce qui a été fait dans le tableau ci-dessus.

XIV

Examen comparatif des masses cuites de 1ᵉʳ jet au point de vue de la chaux saline qu'elles contiennent en moyenne par rapport a 100 de masse cuite en poids et 100 de sucre contenu dans les masses cuites dans chacúne des campagnes 1884-85, 1885-86 et 1886-87.

Les masses cuites de 1ᵉʳ jet, prises dans leur généralité, ont donné en chaux saline, en moyenne :

	Pour 100 de masse cuite	Pour 100 de sucre
Dans la campagne 1884-85 . . .	0.18	0.245
— 1885-86 . . .	0.14	0.182
— 1886-87 . . .	0.08	0.104

On voit par ces nombres que la quantité de chaux saline moyenne, considérée par rapport au poids de la masse cuite 1ᵉʳ jet ou du sucre contenu dans les mêmes masses cuites, va successivement en diminuant depuis la campagne 1884-85, dans la campagne 1885-86 et que cette diminution continue dans la campagne 1886-87.

Si, comme nous l'avons déjà fait pour les constatations et comparaisons précédentes, on représente par 100 la quantité de chaux saline par rapport à 100 de sucre contenu en moyenne dans les masses cuites de 1ᵉʳ jet, pris pour point de comparaison plus fixe que celui représentant la masse cuite elle-même, on trouve :

Pour la campagne 1885-86, le nombre proportionnel 74
— 1886-87 — 42

L'amélioration produite au point de vue de la réduction des sels de chaux a donc été :

Dans les masses cuites de 1ᵉʳ jet pour la campagne 1885-86 de.. . 26
— — 1886-87 de.. . 58

A quoi tient cette amélioration ?

Nous avons fait voir que la chaux saline, faisant partie du non-sucre, était le produit de la fabrication, cette amélioration ne peut donc être due qu'à la fabrication elle-même. Or comme les procédés sont restés les mêmes, on peut en conclure que les sels de chaux se forment en moins grande quantité ou sont faciles à éliminer dans le travail des betteraves produites depuis la campagne 1884-85.

Les nombres ci-dessus représentant les quantités de chaux saline contenues dans les masses cuites de 1ᵉʳ jet, pourront paraître très faibles, trop faibles pour que les effets nuisibles que nous avons signalés puissent se produire. Cela est vrai pour les masses cuites de 1ᵉʳ jet ; mais ces sels, étant très solubles, vont en s'accumulant dans les mélasses, comme nous l'avons déjà dit, et y arrivent à des proportions qui deviennent alors très nuisibles. Ainsi, en prenant la quantité moyenne qui se trouve dans les masses cuites de 1ᵉʳ jet représentée par 0,245 p. 100 de sucre, la quantité de chaux accumulée dans les mélasses pourra s'élever jusqu'à 1 p. 100 du poids du sucre, et, combinée avec des acides organiques à équivalent élevé, comme ceux que nous avons signalés dans le paragraphe X ci-dessus, formera des sels en assez grande quantité pour réduire le rendement en sucre en 3ᵉ jet et pour obliger de soumettre les mélasses à un traitement spécial dans le but d'éliminer la chaux avant de les soumettre à l'osmose, — si l'on veut en paralyser les effets désastreux.

XV

RÉSUMÉ ET CONCLUSIONS

De la mesure des progrès accomplis depuis la loi de 1884 et des progrès à accomplir.

L'analyse chimique industrielle des masses cuites de 1ᵉʳ jet nous a fourni les documents nécessaires pour reconnaître et mesurer les progrès accomplis en France dans la culture de la betterave et dans la fabrication du sucre depuis la nouvelle législation française de 1884 inaugurant l'impôt sur la betterave. Nous avons pris pour point de comparaison des masses cuites de 1ᵉʳ jet produites pendant la campagne 1884-85 avec des betteraves dont la culture, avant l'application de la loi (septembre 1884), n'avait pu être influencée par cette législation et les masses cuites de 1ᵉʳ jet produites dans les deux campagnes suivantes, 1885-1886, 1886-1887, dans lesquelles de grands efforts ont été faits par la culture et par la fabrication pour réaliser des améliorations nouvelles, sous le puissant stimulant de cette législation.

L'étude comparée de ces masses cuites nous a conduit aux conclusions suivantes :

La composition des masses cuites de 1ᵉʳ jet peut être représentée d'une manière générale par deux ordres de produits : 1ᵉ le sucre cristallisable ; 2ᵉ toutes les matières qui ne sont pas du sucre cristallisable, que les chimistes allemands désignent sous le nom de *Nichtzucker* — que l'on a traduit en français par *non-sucre*.

Ce non-sucre représente donc toutes les impuretés qui accompagnent le sucre cristallisable dans les produits sucrés et particulièrement dans les masses cuites de 1ᵉʳ jet qui font le sujet de cette étude.

L'analyse des masses cuites de 1ᵉʳ jet a établi que depuis la campagne 1884-85, le sucre est allé successivement en augmentant et le non-sucre successivement en diminuant dans les campagnes 1885-86 et 1886-87.

L'amélioration produite a été, en moyenne, pour la campagne
1885-86 de.. 28 p. 100
1886-87 de.. 49 —

Nous n'avons pas cru devoir arrêter notre examen au non-sucre pris en bloc qui semble devoir être le seul but recherché par beaucoup de chimistes français et étrangers, surtout étrangers — armé de l'analyse chimique comme d'un *scalpel*, nous avons fait *l'autopsie* du non-sucre ; nous en avons disséqué toutes les parties, nous avons cherché à pénétrer tous les secrets de sa formation, c'est ainsi que nous avons pu former deux groupes de ses composants : l'un produit par la fabrication formé de produits résultant de l'altération du sucre cristallisable, l'autre groupe formé de produits résultant de la végétation sous l'influence de la culture.

Dans le premier groupe, nous avons pu déterminer la tendance des masses cuites de 1er jet à subir ce que l'on appelle en fabrication la fermentation — la présence du glucose à l'état de sucre —,des dérivés du glucose, du sucre optiquement neutre — des sels de chaux à acides organiques, tous produits provenant de la fabrication.

Dans le 2e groupe, nous avons reconnu et dosé les principes salins considérés dans leur ensemble, et recherché leur influence dans le rendement des masses cuites de 1er jet en sucre cristallisable, en 1er, 2e et 3e jets et en mélasse — ainsi que les matières désignées sous le nom d'organiques.

Nous avons cherché à pénétrer plus profondément dans la composition de ces principes salins, en déterminant les sels minéraux à base de potasse et de soude, soit à l'état de chlorure de potassium et de nitrate de potasse, ainsi que les bases en combinaison avec des acides organiques.

A l'aide des nombres obtenus de ces analyses, nous avons pu établir et mesurer la participation de ces divers composants du non-sucre dans les améliorations produites dans la culture de la betterave depuis la campagne 1884-85.

En ce qui concerne la réduction du non-sucre provenant des altérations du sucre cristallisable pendant les opérations de la fabrication :

Les améliorations produites depuis la campagne 1884-85 ont été dans les campagnes....................................

	1885-86	1886-87
Pour la tendance à la fermentation.........	nulle	100 p. 100
Pour la présence du glucose à l'état de sucre.	58 p. 100	100 —
Pour la présence des dérivés du glucose....	nulle —	49 —
Pour la présence et les quantités de sucre optiquement neutre,	31 —	58 —
Pour la présence et les quantités de sels de chaux à acides organiques,	26 —	58 —

En ce qui concerne la réduction du non-sucre produit par la végétation sous l'influence de la culture :

Les améliorations produites depuis la campagne 1884-85, pour la réduction des matières salines considérées dans leur ensemble, ont été

	1885-86	1886-87
(ensemble)	31 p. 100	54 p. 100
Pour la réduction du chlorure de potassium,	34 —	54 —
— — nitrate de potasse,	61 —	76 —
Pour les bases potasse et soude en combinaison avec des acides organiques,	» —	34 —
Pour la réduction des matières organiques,	33 —	59 —
Pour la réduction de l'équivalent des matières organiques,	10 —	34 —

Les nombres ci-dessus, qui nous ont servi à établir la mesure des progrès accomplis depuis la campagne 1884-85, représentent la composition moyenne des masses cuites en grain de 1er jet analysées, produites pendant la campagne 1884-85.. au nombre de 58
Id. pendant campagne 1885-86...................... id. 36
Id. pendant la campagne 1886-87 .... id. 59

Ces moyennes se composent de nombres très variables entre eux présentant des écarts plus ou moins considérables entre le maximum et le minimum ; ils peuvent bien représenter dans leur ensemble la moyenne véritable des progrès accomplis dans la généralité de la fabrication du sucre de betteraves depuis la campagne 1884-85, mais ils ne peuvent représenter le maximum des progrès réalisés dans certaines fabriques prises isolément et dans certaines contrées.

Pour se rendre bien compte de l'influence de ces moyennes employées comme mesure des progrès accomplis dans leur généralité, et du degré de perfection où la culture et la fabrication sont déjà arrivées dans le court espace de deux années, il est nécessaire d'examiner les nombres maxima et minima dont ces différentes moyennes sont composées, en choisissant de préférence dans les 153 analyses, celles qui indiquent le maximum de progrès réalisés dans chacune des 4 séries dans lesquelles ces 153 analyses ont été classées.

La quantité de non-sucre étant le caractère le plus général de la plus ou moins grande impureté des masses cuites analysées, nous choisirons comme maximum des progrès accompli les masses cuites qui contiendront le minimum de non-sucre par rapport à 100 de sucre cristallisable.

Nous n'avons pas fait figurer dans ce travail le tableau général contenant les nombres obtenus de ces 153 analyses, à cause de son étendue (1). Nous nous bornerons à en extraire la moyenne et les nombres maxima et minima représentant le non-sucre, ramenés à 100 de sucre cristallisable dans chacune des trois campagnes et à les grouper dans le tableau ci-dessous.

Il résulte des nombres contenus dans ce tableau que les écarts entre les nombres maxima et minima qui font partie de ces moyennes sont assez considérables pour chaque campagne et dans chacune des séries.

Ainsi dans la campagne 1884-85 :

1re série l'écart entre le nombre maxim. 28.08 et le minim. 11.64 est de 58 0/0
2e série   —   23.12   —   14.06 — 58 —
4e série   —,   31.59   —   13.41 — 56 —

Dans la campagne 1885-86 :

1re série l'écart entre le nombre maxim. 18.89 et le minim. 9.63 est de 48 0/0
3e série   —   19.72   —   8.18 — 41 —
4e série   —   16.60   —   14.45 — 87 —

Dans la campagne 1886-87 :

1re série l'écart entre le nombre maxim. 13.55 et le minim. 3.44 est de 25 0/0
2e série   —   14.77   —   6.30 — 42 —
3e série   —   19.72   —   6.97 — 35 —
4e série   —   12.20   —   6.97 — 57 —

(1) Le tableau général fait partie du chapitre XII de mon II*e* volume de *Chimie théorique et pratique de l'industrie du sucre,* sous presse.

Ces nombres établissent que les quantités représentant le maximum et le minimum de non-sucre présentent entre eux des écarts de près de 50 p. 100. Ces écarts restent à peu près les mêmes dans chacune des quatre séries, quoique les nombres représentant le maximum et le minimum du non-sucre diminuent successivement depuis la campagne 1884-85 jusqu'à la campagne 1886-87.

En présence de ces écarts on peut comprendre que les moyennes qui nous ont servi à mesurer les progrès accomplis depuis la campagne 1884-85 sont bien loin de représenter le maximum de progrès réalisés dans la culture et dans la fabrication.

TABLEAU N° 9

donnant la moyenne et les nombres maxima et minima du non-sucre contenu p. 100 de sucre cristallisable dans les masses cuites en grains de 1ᵉʳ jet produites dans les trois campagnes 1884-85, 1885-86 et 1886-87, pour chacune des quatre séries du tableau n° 1.

NUMÉROS des séries	CAMPAGNE 1884-85			CAMPAGNE 1885-86			CAMPAGNE 1886-87			Quotient de pureté maximum
	Moyenne	Maximum	Minimum	Moyenne	Maximum	Minimum	Moyenne	Maximum	Minimum	
1	2	3	4	5	6	7	8	9	10	11
1ʳᵉ série	17.84	28.08	11.64	13.64	18.89	9.63	10.41	13.55	3.44	96.67
2ᵉ série.	20.63	23.12	14.06				10.11	14.77	6.30	94.00
3ᵉ série				13.65	19.72	8.18	10.26	19.72	6.97	93.49
4ᵉ série	19.83	31.39	13.41	15.95	16.60	14.45	9.33	12.20	6.97	93.49

Pour avoir une idée exacte des progrès réalisés, non plus dans l'ensemble de la culture et de la fabrication, mais dans des sucreries isolées qui démontrent jusqu'où peuvent atteindre ces progrès qui peuvent servir d'exemple et de but à atteindre, il faut examiner exclusivement les nombres représentant le minimum du *non-sucre* contenu dans chacune des quatre séries indiquées ci-dessus.

Le minimum de non-sucre trouvé par l'analyse dans certaines masses cuites en grain de 1ᵉʳ jet par rapport à 100 de sucre :

Dans une des sucreries placées dans la 1ʳᵉ série est égale à. .   3.44

    —   —   2ᵉ série   —   . .   6.30

    —   —   3ᵉ série   —   . .   6.97

    —   —   4ᵉ série   —   . .   6.97

Pour représenter ces nombres en langage plus usité parmi les chimistes de sucrerie, nous les traduirons en quotient de pureté et nous en concluerons qu'il existait dans la campagne 1886-87 des fabriques de sucre de la 1ʳᵉ série qui produisaient des masses cuites de 1ᵉʳ jet dont le quotient de pureté (colonne n° 11 du tableau n° 9) était de 96.67

dans la 2ᵉ série, quotient de pureté. 94.00

dans la 3ᵉ série,   — 93.49

dans la 4ᵉ série,   — 93.49

Certes, l'on ne peut pas admettre que cette pureté des masses cuites de 1er jet, qui n'est jusqu'à présent qu'une exception, puisse être immédiatement réalisable et généralisée.

Mais il suffit pour le moment d'établir qu'elle a existé, que dans la campagne 1886-87 elle a produit, non pas seulement dans une seule sucrerie, mais dans plusieurs sucreries situées dans des contrées très différentes, et puisqu'elle a été obtenue, il doit être possible de la reproduire. C'est là une question d'études, d'observations et d'avenir qui doit être le point de mire des chimistes qui suivent les opérations de culture et de fabrication.

Nous examinerons dans un prochain paragraphe la part de la culture et de la fabrication dans les progrès réalisés et à réaliser dans cette direction.

XVI

LA PART ET LE ROLE DE LA CULTURE DE LA BETTERAVE. — LA PART ET LE ROLE DE LA FABRICATION DU SUCRE DE BETTERAVES DANS LES PROGRÈS ACCOMPLIS ET DANS LES PROGRÈS A ACCOMPLIR.

Nous avons établi par des chiffres dans le paragraphe XV, comme conclusion de cette Etude, les progrès accomplis depuis la campagne 1884-85 dans la pureté des masses cuites de 1er jet, et l'on a vu que la pureté moyenne obtenue dans l'ensemble des sucreries dont les masses cuites de 1er jet ont été analysées avait été de beaucoup dépassée dans certaines sucreries situées dans des contrées bien différentes, dans lesquelles cette pureté s'était élevée de 93,49 à 96,67.

Cette étude, ayant porté exclusivement sur l'analyse raisonnée des masses cuites de 1er jet, ne pouvait comprendre et mesurer les améliorations concernant la richesse en sucre des betteraves ; pour élucider cette question, il nous a manqué les éléments de calcul pouvant établir le rapport existant entre le poids des masses cuites de 1er jet et le poids des betteraves qui les ont produites.

Ces éléments de calcul existent dans toutes les fabriques ; ils sont soigneusement surveillés et enregistrés par les employés de la régie et publiés par l'administration à la fin de chaque campagne sucrière ; nous verrons dans la suite, le parti que l'on peut en tirer dans l'étude de la question qui fait le sujet de ce travail. Mais pour le moment, comme conclusion de cette étude, nous devons nous renfermer dans l'examen de la pureté des masses cuites de 1er jet, et c'est surtout à ce point de vue que nous examinerons la part et le rôle de la culture, ainsi que la part et le rôle de la fabrication dans les progrès accomplis depuis la campagne 1884-85 jusqu'à la campagne 1886-87.

Nous avons classé les composants du non-sucre contenu dans les masses cuites de 1er jet en deux groupes, l'un renfermant les composants du non-sucre produits par la fabrication, dans lequel se trouvent compris : 1° le glucose à l'état de sucre ; 2° les dérivés du glucose ; 3° le sucre optiquement neutre ; 4° les sels de chaux à acides organiques.

L'autre groupe renfermant les composants du non-sucre produits par la végétation sous l'influence de la culture. Telles sont : 1° les matières salines, qui se divisent en sels à acides minéraux et organiques à base de potasse et de soude; 2° les matières organiques prises dans leur généralité.

On a vu que ces différents composants du non-sucre avaient successivement diminué, *tous sans exception*, et dans une grande proportion, depuis la campagne 1884-85.|

Sous quelles influences ces réductions se sont-elles opérées?

Pour résoudre cette question, il faut examiner les circonstances particulières où le non-sucre peut se produire et remonter à son origine.

Nous examinerons d'abord les composants du non-sucre résultant de la fabrication.

1° Lorsque le glucose existe à l'état de sucre fermentescible dans les masses cuites de 1ᵉʳ jet, c'est qu'il s'est formé dans les opérations qui ont suivi la défécation. Or il s'en forme toujours lorsque les jus déféqués et sirops sont dépourvus d'alcalinité jusqu'à la cuite; mais ici il est nécessaire de distinguer la nature de l'alcalinité. La présence de l'alcali caustique est seule capable d'empêcher la formation du glucose aux dépens du sucre cristallisable pendant l'évaporation jusqu'à la cuite.

Si donc, dans les masses cuites de 1ᵉʳ jet, il se trouve du glucose, on peut être certain que ce glucose a pour origine l'absence d'un alcali caustique, potasse ou soude, pendant l'évaporation jusqu'à la cuite.

2° Les dérivés du glucose proviennent de l'action de la chaux, employée à la défécation, sur le glucose existant dans le jus de betteraves avant la défécation, soit que le glucose se soit formé pendant la conservation de la betterave en tas ou en silo, soit pendant l'extraction du jus. L'action de la chaux sur le glucose à la température employée dans la défécation a pour résultat de le transformer en un acide qui reste combiné à la chaux à l'état de glucate de chaux soluble qu'une défécation trouble bien pratiquée enlève toujours et qu'une défécation mal pratiquée n'enlève qu'en partie. Ces dérivés du glucose titrent, à la liqueur alcalino-cuprique de Viollette, comme glucose, avec cette différence que là où la liqueur alcalino-cuprique indique 1 de dérivés, cette quantité correspond à 2 de glucose transformé, par cette raison que le glucose, en se transformant en glucate, perd la moitié de son pouvoir réducteur. La présence des dérivés du glucose peut donc être toujours évitée dans une défécation trouble bien pratiquée (1).

3° Le sucre optiquement neutre se produit sous l'influence des matières salines pendant l'évaporation et la cuite. Ce n'est là qu'une affirmation dont nous donnerons la démonstration expérimentale dans la suite de ce travail. On comprend donc que, sous l'influence de la réduction successive des quantités de matières salines constatées dans les masses cuites de 1ᵉʳ jet dans les

---

(1) Nous avons décrit dans notre opuscule : *Suppression de la mélasse par l'osmose perfectionnée*, les conditions à remplir pour éliminer les sels de chaux par la défécation trouble, page 84 et suivantes. Ces conditions ne sont autres que celles parfaitement indiquées par les inventeurs du procédé Périer et Possoz, procédé qui est parfaitement bien pratiqué dans certaines sucreries dont les mélasses ne contiennent le plus souvent en moyenne que 0,03 et 0,05 de CaO pour 100 gr. de mélasse.

campagnes 1885-86 et 1886-87, les quantités de sucre optiquement neutre aient été successivement en diminuant.

4° Les sels de chaux à acides organiques ont également pour origine une élimination incomplète des sels de chaux par la défécation trouble mal pratiquée, ou, ce qui arrive encore trop souvent, l'addition de lait de chaux dans les jus et sirops qui ont une tendance à la fermentation et que l'on veut rendre alcalins pour la prévenir. C'est là une pratique funeste qui donne naissance à des sels de chaux qui nuisent à la cristallisation du sucre et augmentent la quantité de mélasse.

Nous avons passé en revue l'origine des différents composants du *non-sucre* produits par la fabrication ; le fabricant de sucre peut les faire disparaître en grande partie par une meilleure application des procédés ordinaires de fabrication, et cela paraît d'autant plus facile que les jus et sirops possèdent une plus grande pureté naturelle.

Le fabricant de sucre a donc à sa disposition les moyens de réduire et même d'annuler le non-sucre provenant de la fabrication.

Nous allons maintenant examiner quelle est la puissance de la culture pour éliminer le non-sucre produit par la végétation que l'on trouve accumulé dans les masses cuites de 1er jet.

Il ne faut pas confondre le non-sucre que l'on constate dans le jus de betteraves avec le non-sucre contenu dans les masses cuites de 1er jet, quoique tous deux puissent être le produit de la végétation.

Les opérations de la fabrication peuvent agir sur certains principes organiques et les éliminer ; aussi le quotient de pureté constaté sur le jus de betteraves ne peut servir de mesure de la pureté des masses cuites de 1er jet. Le non-sucre contenu dans les masses cuites de 1er jet en dehors du non-sucre produit par la fabrication représente les matières étrangères au sucre existant naturellement dans les betteraves qui n'ont pu être éliminées par les procédés de fabrication.

Il importe donc moins, dans l'étude des questions qui nous occupent, de connaître le non-sucre contenu dans le jus naturel de la betterave, que les procédés de la fabrication peuvent lui enlever, que le non-sucre qui résiste à ces procédés, se retrouve dans les masses cuites de 1er jet et va en s'accumulant dans le dernier produit de la fabrication, la mélasse, dans laquelle il immobilise, dans sa cristallisation, une quantité de sucre égale à 50 p. 100 du poids de la mélasse.

Le non-sucre produit par la végétation, qui se retrouve dans les masses cuites de 1er jet, se compose, comme on l'a vu : 1° de matières salines ; 2° de matières organiques.

1° *Les matières salines.* — On comprend sous ce nom les sels minéraux principalement de chlorure de potassium, de nitrate de potasse et des sels de potasse et de soude à acides organiques.

2° *Les matières organiques.* — On comprend sous ce nom, d'après la méthode de dosage employée comme nous l'avons démontré paragraphe X, particulièrement les acides organiques à équivalent plus ou moins élevé.

Toutes ces matières salines et organiques sont, sans exception, le produit de la culture ; les unes, comme les bases potasse et soude et les sels minéraux, proviennent du sol; les matières organiques, et particulièrement les acides organiques sont formés par la végétation.

Toutes ces matières inorganiques et organiques ont été successivement en décroissance, et cela sans exception, soit par exemple de la campagne 1884-85 à 1886-87 :

Pour l'ensemble des matières salines, de.. . . 54 p. 100
— le chlorure de potassium, de . . . . . . 54 —
— le nitrate de potasse, de.. . . . . 76 —
— les acides organiques, de. . . . . 34 —
— l'ensemble des matières organiques, de. . 59 —
— leur équivalent organique, de. . . . . . 34 —

Les quantités de ces divers produits de la végétation qui se trouvent accumulés dans la mélasse sont considérables. Ainsi une mélasse épuisée de sucre par cristallisation, à la densité où elle se trouve dans les bacs de cristallisation, contient en moyenne :

Sucre cristallisable 50
Non-sucre 30   } 100
Eau. 20

Ce non-sucre contient en moyenne, p. 100 grammes de mélasse :

Chlorure de potassium.. . . . . 2.00 grammes
Nitrate de potasse.. . . . , ... 0.40 —
Acides organiques combinés à la potasse et à la soude, l'équi-
    valent d'environ 7 gr. à 7,50 d'acide sulfurique monohy-
    draté (SO^3 HO), représentant en acides organiques, de. . 12 à 15 —
Potasse et soude combinées aux acides organiques, environ. . 7 —
Matières organiques, environ. . . . . 6 —

Toutes les mélasses de sucreries de betteraves ont à peu près cette même composition, soit qu'elles proviennent de masses cuites de 1er jet plus impures, comme celles de la campagne 1884-85, soit qu'elles proviennent de masses cuites beaucoup plus pures comme celles de la campagne 1886-87.

Dans ces deux cas, les mélasses ne diffèrent surtout que par leur quantité.

C'est ainsi qu'il a été établi dans le paragraphe VIII, que dans 16 sucreries produisant en moyenne 100 hectolitres de masses cuites de 1er jet par 24 heures, dans la campagne 1884-85, ces 100 hectolitres de masses cuites contenaient en mélasse . . . . 6.284 kilos.

Tandis que dans la campagne 1886-87, dans 24 sucreries, pour une même quantité de masses cuites en grain de 1er jet, on n'avait plus en mélasse que . . . . 4.250 kilos.

On voit, par ces nombres, l'importance de ces divers composants du non-sucre dans l'annulation du sucre à l'état de mélasse, et combien il peut être utile de rechercher sous quelles influences ces divers composants s'accumulent ou vont en décroissance dans la betterave elle-même, et par suite dans les produits de la fabrication, car c'est à leur présence seule que, dans une bonne fabrication doit être attribuée la formation de la mélasse.

Tous ces produits qui se trouvent accumulés dans la mélasse se rencontrent donc dans la betterave et les moyens qui permettent de les constater dans les mélasses doivent être employés pour les constater dans les betteraves et permettre de rechercher sous quelles influences ils s'y forment, ils y restent ou disparaissent.

On peut se demander si leur décroissance tient à la betterave à sucre employée comme porte-graine et si les différentes races de betteraves améliorées françaises, telles que les betteraves Vilmorin, Desprez, Simon-Legrand, Brabant, Dervaux, Olivier Lecq, etc., et à l'étranger, Dippe frères, Klein-Wansleben, Walkhoff, Glusky, Knoche, Schieckmann, sont plus ou moins aptes à puiser dans le sol les principes minéraux qui servent de base aux matières salines en combinaisons inorganiques et organiques que l'on rencontre dans la betterave.

Dans les nombreuses expériences qui ont été faites sur la végétation de ces différentes races de betteraves, on paraît ne s'être occupé jusqu'à présent que de l'étude de l'accroissement du sucre dans la betterave (racine). On a bien cherché, dans certains cas, à constater sur le jus ce que l'on appelle *le degré de pureté* apparent au moyen des *saccharomètres* (aréomètres gradués sur dissolution de sucre pur); mais, comme nous l'avons établi, ce moyen très imparfait ne peut donner aucune indication sur le *non-sucre* qui échappe aux procédés de fabrication et qui produit la mélasse.

Ayant reconnu depuis longtemps l'influence fâcheuse que ce *non-sucre* exerce dans la fabrication, nous n'avons pas négligé, dans nos études chimiques sur la végétation de la betterave à sucre, cette partie de la question et nous rappelons ici sommairement les résultats que nous avons obtenus, qui sont consignés dans un mémoire présenté à l'Académie des sciences, publié en extrait dans les *Comptes rendus* (1) et in extenso dans notre brochure ayant pour titre : *Etudes chimiques sur la betterave à sucre* (2).

Nous avons observé que les bases potasse et chaux contenues dans le sol étaient absorbées par les radicules de betteraves à l'état de bicarbonates et qu'elles se retrouvaient dans la betterave en combinaison avec des acides organiques.

Nous avons constaté l'existence de ces combinaisons minérales et organiques dans toutes les parties de la betterave en végétation : racines, pétioles et feuilles.

Nous avons déterminé les quantités de ces bases et de ces acides organiques dans chacune des parties de la betterave en végétation, — à différentes époques de sa végétation sur des betteraves cultivées dans un sol très argileux et sur des betteraves cultivées dans un sol très calcaire.

Ces différents sels à acides organiques ont été dosés dans le produit de l'incinération charbonneuse de chacune de ses parties et les quantités d'acides organiques et de bases ont été représentées en degrés alcalimétriques de Gay-Lussac contenant pour 100 degrés ou 50 centimètres cubes, cinq grammes d'acide sulfurique monohydraté (SO^3HO) (3).

(1) *Comptes rendus de l'Académie des sciences*, 30 octobre, 6, 13 et 20 novembre 1882.

(2) *Etudes chimiques sur la betterave à sucre*. Brochure, 1882-1885.

(3) Voir, pour plus de détails, le premier volume de *Chimie théorique et pratique des industries du sucre*, pages 322 et suivantes, année 1883.

Nous extrairons de ces analyses les nombres qui peuvent éclairer les questious que nous avons mises à l'étude dans ce travail.

La chaux en combinaison avec des acides organiques dans la betterave étant éliminée dans les premières opérations de la fabrication et ne prenant qu'une part accidentelle dans la formation de la mélasse, pourrait être négligée, mais nous croyons devoir en reproduire les quantités pour démontrer que les sels de chaux à acides organiques suivent le même mouvement que

TABLEAU N° 10

résumant les quantités de potasse et de chaux en combinaison avec des acides organiques dans les différentes parties de la betterave, racine, pétioles et feuilles, à différentes époques de la végétation, dans un sol très argileux et dans un sol très calcaire.

DATE de la végétation		Numéro d'ordre de l'analyse	NATURE du sol	PARTIES de la betterave analysée	Titre potasse en combinaison organique dans 100 gr.	Titre chaux en combinaison organique dans 100 gr.
mois	jour					
1	2	3	4	5	6	7
Juin. . . .	26	479	Argileux. . .	Racine. . .	7°80	5°20
				Pétioles . .	10.50	4.90
				Feuilles . .	14.30	16.80
Octobre . .	13	480	— . . .	Racine. . .	9.16	4.12
				Pétioles . .	3.38	4.90
				Feuilles . .	9.51	15.99
— . .	14	481-482	— . . .	Racine. . .	4.97	6.64
				Pétioles . .	7.23	6.22
				Feuilles . .	17.40	11.40
— . .	27	483	— . . .	Racine. . .	7.41	3.88
				Pétioles . .	10.03	9.34
				Feuilles . .	23.75	19.41
— . .	28	484	— . . .	Racine. . .	5.38	3.48
				Pétioles . .	8.17	10.59
				Feuilles . .	16.80	21.68
Juillet. . .	20	485	Très calcaire.	Racine. . .	10.29	5.46
				Pétioles . .	23.07	9.67
				Feuilles . .	18.38	13.06
— . .	24	486	— . .	Racine. . .	5.48	3.70
				Pétioles . .	8.80	10.40
				Feuilles . .	25.00	23.50
Octobre . .	4	487-488	— . .	Racine. . .	6.52	5.47
				Pétioles . .	6.94	9.60
				Feuilles . .	14.58	11.85
— . .	21	489-490	— . .	Racine. . .	8.66	7.04
				Pétioles . .	7.79	10.38
				Feuilles . .	17.45	25.54

les sels de potasse à acides organiques dans les différentes parties de la betterave en végétation.

Ces nombres se trouvent résumés dans le tableau précédent n° 10.

Les nombres groupés dans le tableau n° 10, établissent que :

1° Les bases potasse et chaux enlevées au sol par les radicules à l'état de carbonates et de bicarbonates pendant la végétation de la betterave, se retrouvent en combinaison avec des acides organiques dans les différentes parties de la betterave en végétation : racines, pétioles et feuilles.

2° Les sels à acides organiques à base de potasse sont toujours en plus petite quantité dans la betterave (racine) que dans les pétioles et en plus petite quantité dans les pétioles que dans les feuilles.

3° Pendant tout le temps de la végétation de la betterave, la quantité des sels à acides organiques va plutôt en diminuant qu'en augmentant dans la betterave (racine), tandis qu'elle va en augmentant dans les pétioles et en s'accumulant en plus forte proportion dans les feuilles qui en contiennent sous le même poids au moment de la maturité de la betterave, c'est-à-dire en octobre, jusqu'à 4 et 5 fois plus que la betterave (racine).

4° La quantité de ces sels à acides organiques restée dans la betterave varie avec chaque betterave.

5° Ces conclusions concernant les sels organiques à base de potasse sont exactement les mêmes pour les sels organiques à base de chaux.

6° Il existe donc un *mouvement ascensionnel* des bases potasse et chaux contenus dans le sol vers les feuilles en traversant la betterave (racine), puis les pétioles pour les fixer dans les feuilles.

7° Ce mouvement ascensionnel paraît jouer un rôle important dans la pureté du jus de betterave (racine) et par suite dans la réduction de la mélasee sous l'influence de la végétation.

Cette question à une grande importance dans l'étude que nous poursuivons et nous examinerons dans le paragraphe suivant les influences qui dirigent ce mouvement ascensionnel.

XVII

DES INFLUENCES QUI DÉTERMINENT L'ASCENSION DES PRINCIPES MINÉRAUX DU SOL ABSORBÉS PAR LES RADICULES A TRAVERS LES DIVERS ORGANES DE LA BETTERAVE EN VÉGÉTATION ET DE LEUR EFFET SUR LA PURETÉ DU JUS DE LA BETTERAVE (racine).

On a vu dans le paragraphe précédent que les bases potasse et chaux en combinaison avec l'acide carbonique, c'est-à-dire à l'état de bicarbonates contenus dans le sol et absorbés par les radicules, se retrouvaient dans toutes les parties de la betterave en combinaison avec des acides organiques ;

Que ces bases potasse et chaùx en combinaison avec des acides organiques allaient en diminuant dans la betterave (racine) en augmentant dans les pétioles et en s'accumulant dans les feuilles à mesure que la betterave s'éloigne de sa naissance et s'approche de sa maturité ;

Qu'il se produit sur ces bases en combinaison avec des acides organiques pendant la végétation de la betterave un effet semblable à celui d'une pompe aspirante qui par sa force ascensionnelle accumule dans les feuilles les bases enlevées au sol par les radicules.

Il est nécessaire d'examiner quelles sont les influences qui produisent celte ascension et quels sont les effets produits par cette ascension sur la composition saline de la betterave (racine).

Lorsque le matin d'un beau jour d'été, par un temps sec, on parcourt un champ de betteraves, alors que toutes les feuilles ont acquis leur complet développement, c'est-à-dire pendant le mois d'août, on remarque que ces feuilles se trouvent dans un grand état de vigueur et de turgescence.

Lorsqu'on parcourt le même champ à la fin de la même journée, on remarque que ces mêmes feuilles sont devenues molles, tombantes, presque fanées, et s'inclinent comme épuisées vers le sol.

Ce changement, en quelques heures, dans l'aspect des feuilles n'a pu être produit que par l'évaporation de l'eau par la surface des feuilles, sous l'influence de l'air sec et de la chaleur du soleil.

Si l'on parcourt le même champ le lendemain matin, on trouve que les feuilles ont repris leur état de vigueur et de turgescence de la veille au matin.

Les rosées étant fréquentes à cette époque de l'année, on pourrait croire que l'équilibre se rétablit dans les feuilles par l'absorption de la rosée par les feuilles ; mais si l'on choisit pour les observations un temps sec et sans rosée, il est facile de reconnaitre que l'état primitif se rétablit dans les feuilles, non pas par l'absorption de l'humidité de l'air, mais par le mouvement ascensionnel de l'eau du sol absorbée par les radicules, à travers les différents organes de la betterave ; il se rétablit pendant la nuit, où l'évaporation est moins grande que dans le jour, un équilibre entre la racine et les feuilles qui avait été détruit pendant le jour par une évaporation rapide que le mouvement ascensionnel des liquides à travers les organes de la betterave n'avait pas été suffisant pour satisfaire.

Ce mouvement ascensionnel de l'eau contenue dans le sol absorbée par les radicules à travers les différents organes de la betterave, pour satisfaire à l'évaporation produite par les feuilles, suffit pour expliquer le mouvement ascensionnel de tous les principes minéraux puisés dans le sol par les radicules vers les feuilles pendant tout le temps de la végétation de la betterave et, comme résultat définitif, leur accumulation dans la région des feuilles.

On a cherché à déterminer par expérience la puissance d'évaporation des feuilles.

Hall a constaté que deux mètres carrés de feuilles de choux, placées dans les conditions les plus favorables, peuvent émettre, en 12 heures, 580 grammes d'eau à l'état de vapeur. En partant de cette expérience, il a conclu que un hectare de terre, cultivé en choux, devait évaporer en 12 heures vingt mille kilos d'eau.

Nous n'avons vu nulle part qu'une expérience semblable ait été faite sur les feuilles de betterave, — et comme cette question est importante dans l'étude que nous poursuivons, nous avons cherché à remplir cette lacune par les expériences suivantes.

Ces expériences ont été faites sur des feuilles de betteraves dans le but de déterminer la quantité d'eau qu'elles peuvent évaporer par leur surface dans un temps donné soit au soleil, soit à l'ombre, à l'abri du soleil.

Une betterave à sucre a été récoltée le 13 août; elle avait toutes ses feuilles au nombre de 32, bien développées et en pleine vigueur.

Deux feuilles ont été choisies parmi les plus grandes; elles ont été arrachées au niveau du collet de la betterave, de manière à conserver le pétiole dans toute sa longueur — les deux feuilles ont servi aux expériences comparatives suivantes :

La feuille n° 1 a été placée par l'extrémité de son pétiole dans un flacon contenant 250 grammes d'eau, de manière à ce que le pétiole plonge dans l'eau par sa partie inférieure d'environ 10 centimètres ; le flacon à été bouché avec un bouchon de liège percé d'un trou par lequel le pétiole pouvait être introduit dans le flacon et qui contribuait à maintenir la feuille dans la position à peu près verticale qu'elle avait sur le collet de la betterave.

La feuille n° 2 a été placée, exactement dans les mêmes conditions, dans un autre flacon de même grandeur contenant la même quantité d'eau.

La feuille n° 1 a été placée au soleil par un temps couvert avec intermittence de soleil, le 13 août, de 10 heures du matin à 7 heures du soir, soit pendant 9 heures.

La feuille n° 2 a été placée à l'ombre le même jour, à la même heure et pendant le même temps, mais de manière à ce que le soleil ne puisse l'atteindre.

La feuille n° 1 avait les dimensions suivantes :

Hauteur de la base au sommet, non compris le pétiole $0^m 22^c$
Largeur moyenne . . . . $0^m 14^c$

Soit, surface en centimètres carrés : 308.
Elle pesait avant l'expérience 32 grammes.
Après une heure d'exposition au soleil, elle était déjà bien moins rigide et commençait à se faner.
Après 3 heures, elle était complètement fanée, et le pétiole s'était courbé vers le sol de manière à décrire avec la feuille la forme d'une anse, de telle sorte que l'extrémité supérieure de la feuille se rapprochait du sol sur lequel était placé le flacon dans lequel plongeait l'extrémité du pétiole.
A 7 heures du soir elle a été retirée du flacon.

Elle pesait alors . . . . 27 grammes
Elle avait donc perdu 5   —

En outre, les 250 grammes d'eau dans laquelle plongeait l'extrémité inférieure du pétiole avaient perdu 8 grammes.

La feuille, par l'intermédiaire du pétiole, avait donc absorbé 8 grammes d'eau qui avaient été également évaporés.

L'évaporation par la feuille, de 10 heures du matin à 7 heures du soir, c'est-à-dire en 9 heures, avait donc été, pour 308 centimètres carrés de feuilles de betteraves, de 13 gr. d'eau, tandis que l'absorption de l'eau par le pétiole pendant le même temps n'avait été que de 8 grammes.

Ces nombres, ramenés par mètre carré de surface de feuille et par heure, donnent pour l'évaporation . . . . 47 grammes.
et pour l'absorption. . . . . 28 gr. 8

La feuille n° 2, exposée à l'ombre dans les mêmes conditions, ne s'est point fanée, elle a conservé à peu près la même turgescence qu'avant l'expérience.

Cette feuille avait une hauteur de . . . . 0 m. 17 c.
une largeur moyenne de . . . . 0 m. 12 c.
soit une surface en centimètres carrés de . . . . 204.
Elle pesait avant l'expérience . . . . 27 gram.
— après l'expérience . . . . 26 gram.
Elle n'avait donc perdu que . . . . 1 gram.
mais l'eau du flacon avait perdu . . . . 5 gram.

La feuille avait donc laissé évaporer, en 9 heures d'exposition à l'ombre, en eau . . . . 6 gram.
Elle avait absorbé en eau . . . . 5 gram.
soit par mètre carré et par heure, par évaporation . . . . 32 gr. 6
— — par absorption . . . . 27 gr. 2

Il a été établi, par un examen minutieux, que les 32 feuilles de la betterave dont 2 feuilles ont servi aux expériences ci-dessus, présentaient dans leur ensemble une surface totale d'environ 3,000 centim. carrés. Si l'on admet une culture de betteraves renfermant 60,000 sujets à l'hectare, on trouve que la surface des feuilles pour un hectare représente environ 18.000 mètres carrés pouvant évaporer par heure au soleil . . . . 846 kil. d'eau
— — et à l'ombre . . . . . . 586 —
et pouvant absorber par les pétioles, si la betterave peut la fournir en suffisante quantité, en eau par heure au soleil 518 —
et à l'ombre . . . . 489 —

Il résulte de ces nombres que l'évaporation de l'eau par les feuilles se trouve singulièrement exaltée par la présence du soleil, tandis que l'aspiration reste à peu près la même au soleil comme à l'ombre et ne se trouve pas influencée par le soleil.

Cette différence d'action entre l'évaporation et l'aspiration explique parfaitement l'aspect languissant du champ de betteraves, signalé au début de ce paragraphe, sous l'influence du soleil du mois d'août.

Les nombres obtenus dans l'expérience n° 2 faite à l'ombre établissent au contraire un équilibre à peu près parfait entre l'évaporation des feuilles et l'aspiration des pétioles, et montrent qu'il est des circonstances où il peut s'établir une grande évaporation d'eau par les feuilles, sans que pour cela leur aspect physique soit modifié.

Il était en outre utile de vérifier si les feuilles de betteraves fanées et flétries sous l'influence du soleil par un surcroît d'évaporation par les feuilles par rapport à l'aspiration par les pétioles, pouvaient reprendre leur état primitif par l'absorption par les pétioles d'une nouvelle quantité d'eau.

L'expérience n° 1, après son exposition de 9 heures au soleil, était dans des conditions favorables pour résoudre cette question.

Cette expérience n° 1 a été placée avec sa feuille flétrie sous un hangar où l'air pouvait circuler librement, à l'abri de la pluie et de la rosée, à 7 heures du soir ; le lendemain matin le pétiole s'était en partie relevé, la feuille paraissait moins chétive, moins fanée ; elle a été laissée dans la même position, toujours plongeant dans l'eau par l'extrémité du pétiole sous le même hangar pendant toute la journée, pendant laquelle il est tombé d'assez fortes ondées, mais qui n'ont pu atteindre la feuille.

Cette feuille s'est relevée peu à peu dans le courant de la journée, et à 7 heures du soir, c'est-à-dire après 24 heures, elle s'était complètement relevée et occupait la même position qu'avant l'expérience. Elle pesait en ce moment. . . . . 31 grammes
Elle avait donc repris en 24 heures, eau. . . . . 4 —
sur les 5 grammes qu'elle avait primitivement perdus.

L'eau dans laquelle le pétiole était plongé avait perdu, pendant le même temps, 12 grammes qui avaient été absorbés par le pétiole et dont 4 grammes avaient servi à réparer la perte de la feuille dans la première période de l'expérience, et 8 grammes avaient été évaporés par la feuille pendant les 10 heures de nuit et 14 heures de jour où elle était restée sous le hangar.

Ces nombres établissent que les feuilles de betteraves qui se sont flétries en perdant leur eau par un excès d'évaporation sur l'absorption, recouvrent peu à peu la quantité d'eau qu'elles avaient perdue lorsque ces feuilles se trouvent placées dans des conditions contraires, c'est-à-dire en faisant dominer l'absorption sur l'évaporation, comme cela a lieu pendant la nuit, aussi bien sur une feuille que sur toutes les feuilles d'un champ de betteraves.

Dans ce cas l'eau est fournie par le sol et absorbée par les radicules qui la transmettent à la betterave (racine), la betterave la transmet au collet, le collet aux pétioles et les pétioles aux feuilles.

Les expériences ci-dessus ne peuvent laisser aucun doute à ce sujet.

On comprend que dans ce mouvement ascensionnel de l'eau, des radicules de la betterave aux feuilles, les principes du sol solubles dans l'eau, tels que les bicarbonates de potasse, de chaux, l'acide carbonique libre et tous les autres principes solubles qui s'y trouvent en plus ou moins grande quantité, soient absorbés en même temps que l'eau et se transforment dans l'intérieur de la betterave, sous l'influence de la végétation, en principes organiques, en acides végétaux qui remplacent l'acide carbonique en combinaison avec ces bases, et que ce mouvement ascensionnel de l'eau se continuant tout le temps de la végétation de la betterave, contribue à accumuler dans les parties aériennes de la plante les principes fixes du sol, potasse et chaux, en combinaison organique, tels que l'ont établi les nombres résumés des analyses dans le tableau précédent n° 10.

D'après les nombres fournis par ces expériences sur les feuilles de betteraves, si l'on représente la puissance d'évaporation par les feuilles exposées au soleil par. 100
on trouve pour la puissance d'évaporation des mêmes feuilles à l'ombre   69
et pour la puissance d'ascension de l'eau qui s'exerce à travers tous les organes de la betterave, des radicules aux feuilles en passant par la racine et les pétioles, que Dutrochet a désignée sous le nom de *force d'endosmose* sous l'influence du soleil 61
et à l'ombre 58

Ces nombres établissent que la puissance d'ascension reste à peu près la même au soleil comme à l'ombre, de telle sorte que la puissance de l'évaporation des feuilles, soit à l'ombre soit au soleil, se trouve forcément limitée par la puissance d'ascension.

On comprend que ces deux puissances d'évaporation des feuilles et d'ascension à travers les tissus, pourront se maintenir dans le même rapport aussi longtemps que la perte par les feuilles sera égale à la quantité d'eau que les radicules pourront puiser dans le sol pendant le même temps pour réparer cette perte ; mais si la puissance d'évaporation des feuilles diminue, la puissance d'ascension doit également diminuer.

La puissance d'évaporation des feuilles doit être subordonnée aux influences extérieures qui peuvent augmenter ou diminuer cette évaporation, telles que les variations de température, l'état hygrométrique de l'air, le renouvellement plus ou moins rapide de l'air sous l'influence des vents.

Si pendant la durée de la végétation de la betterave, l'air extérieur à été le plus souvent saturé d'humidité, la puissance d'évaporation aura été à son minimum ; le contraire aura lieu si l'air a été très sec.

La puissance d'ascension est elle-même subordonnée à l'état hydroscopique du sol : la sécheresse ou l'humidité du sol amoindrira ou facilitera la puissance de l'ascension.

On comprend toute l'importance que peuvent avoir ces diverses influences sur la qualité des betteraves.

Ainsi, si ce mouvement ascensionnel se trouve amoindri pendant la végétation de la betterave par les pluies, par l'air saturé d'humidité, les bases potasse et chaux en combinaison avec des acides organiques s'accumuleront dans la betterave (racine) et produiront le maximum d'impureté dans le jus.

Si au contraire l'air extérieur est sec, provoque un excès d'évaporation à une certaine époque de la végétation, surtout vers la fin, au moment de la maturité, soit en septembre ou octobre, et que le sol lui-même se trouve dans un certain état de sécheresse, le mouvementascensionnel se produira sur la betterave elle-même, entraînera dans les feuilles les sels de potasse et de chaux qui s'y trouvaient en excès et produira le maximum de pureté du jus.

On comprend dès lors que le coefficient salin plus ou moins élevé des betteraves et des différentes matières sucrées en cours de fabrication doit dépendre de ces diverses influences, et qu'il ne peut dépendre, comme on pourrait être porté à l'admettre, de la nature du sol et des engrais employés dans la culture.

C'est donc dans la perfection du mouvement ascensionnel produit par la végétation de la betterave et surtout vers l'époque de sa maturité qu'il faut chercher l'explication, c'est-à-dire la véritable théorie du coefficient salin des betteraves et l'explication de certains faits observés jusqu'à ce jour, restés jusqu'à présent inexpliqués.

C'est par ce mouvement ascensionnel que s'explique :

1° L'observation faite par divers chimistes que le collet dss betteraves contient toujours plus de sels que la betterave elle-même ;

2° Que le chlorure de potassium se trouve en plus grande quantité dans la région supérieure de la betterave (racine) que dans la partie inférieure (Péligot) ;

3° Que certains sels, comme le nitrate de soude et le chlorure de potassium, que l'on considère comme nuisibles à la pureté du jus de la betterave, employés comme engrais à des doses élevées, se sont au contraire trouvés en moins grande quantité dans la racine et nullement en proportion des doses employées, à la surprise des chimistes, dont les uns ont conclu que ces sels n'étaient pas nuisibles et les autres qu'ils étaient utiles.

C'est ainsi que s'expliquent les influences de la pluie et du soleil, surtout en septembre, sur la qualité relative des betteraves en matières salines. Les pluies amènent dans les betteraves-racines les bicarbonates du sol qui donnent naissance aux sels de potasse et de chaux à acides organiques qui restent confinés dans la betterave (racine) et viennent diminuer le coefficient salin du jus lorsque ces pluies deviennent continues, et le soleil provoque le mouvement ascensionnel de ces sels dans les feuilles et augmente ainsi le rapport du sucre ou sels, c'est-à-dire le coefficient salin du jus de la racine.

C'est ainsi que s'expliquent les variations de la richesse saline des betteraves et leur coefficient salin, d'une année à l'autre, quoique provenant du même sol, d'une même culture et d'une même graine.

Le coefficient salin de la betterave étant la mesure de la production de la mélasse par la végétation, plus le coefficient salin de la betterave sera élevé, moins elle contiendra de mélasse par rapport au sucre.

Il se produit donc dans la végétation de la betterave un effet analogue à celui de l'application de l'osmose à la mélasse, c'est-à-dire que l'élimination des sels à travers les cellules de la betterave (racine) par les feuilles produit le même effet que l'élimination des sels par l'osmose à travers le papier parchemin; là où les sels sont éliminés par la végétation, le sucre libre extractible par cristallisation va en augmentant dans la betterave, comme l'élimination des sels de la mélasse par l'osmose augmente le sucre libre extractible par cristallisation dans la mélasse osmosée.

La similitude dans les deux cas est si grande que dans l'exemple que nous avons cité, paragraphe VIII, de la réduction de la mélasse dans de grandes proportions dans les masses cuites de 1er jet de 1886-87, comparativement à celles de 1884-85, on voit en même temps la quantité de sucre libre extractible augmenter dans de grandes proportions.

Ainsi, tandis qu'une production de masses cuites de 1er jet de 100 hectolitres en 24 heures donnait, dans la campagne 1884-85, en mélasse 6,168 k. et en sucre 939 sacs, la même quantité de masse cuite, soit 100 hectolitres donnait dans la campagne 1886-87, en mélasse 4,250 k. et en sucre 1,087 sacs.

Le mouvement ascensionnel produit par la végétation, désigné par Dutrochet sous le nom de force d'endosmose, produit donc, dans certaines conditions, les mêmes effets sur la composition saline des betteraves que l'osmose sur la composition saline des mélasses et rendrait nulle l'application de l'osmose, si ce mouvement ascensionnel pouvait être réglé comme les effets de l'osmose et le fonctionnement de l'osmogène; mais, comme nous l'avons démontré, ce courant ascensionnel est soumis à des influences atmosphériques que la culture ne peut diriger à volonté, qui limitent évidemment sa puissance et dont le cultivateur et le fabricant de sucre doivent subir les conséquences.

Si donc dans les années qui se sont écoulées depuis 1884-85 la pureté des masses cuites de 1ᵉʳ jet a augmenté et a eu pour conséquence de diminuer la quantité de mélasse et d'augmenter le rendement en sucre, il faut surtout en attribuer la cause aux conditions climatériques dans lesquelles ont végété les betteraves dans les campagnes 1885-86 et 1886-87.

On ne peut donc pas considérer ce progrès remarquable comme définitivement acquis et comme devant servir de règle et de base à un rendement légal définitivement acquis.

Cependant, il est un point sur lequel il est nécessaire de faire des réserves. On ne connaît pas l'influence de la graine sur le coefficient salin de la betterave. Ce point n'a pas été étudié ; il y a beaucoup de recherches à faire dans cette direction ; le cas peut parfaitement se présenter que parmi les races de betteraves améliorées il puisse s'en trouver de plus ou moins aptes à s'assimiler les principes minéraux du sol, de plus ou moins aptes à les éliminer de la betterave (racine) par les feuilles, et il est bien certain que si cette faculté était démontrée, la graine qni en serait pourvue aurait une grande supériorité sur les autres gra nes.

Il existe même des indices, dans les faits connus, qui permettent de prévoir que ces recherches pourraient être couronnées de succès. Ainsi il est à remarquer que les races de betteraves améliorées se distinguent en général par un plus grand développement des feuilles par rapport au poids de la betterave (racine).

De plus on a constaté que les pluies de fin d'août et du commencement de septembre, qui ont pour résultat dans les betteraves ordinaires d'abaisser rapidement la richesse en sucre de la betterave, ne produisent pas un abaissement aussi grand dans la richesse saccharine des races améliorées et que dans celles-ci l'abaissement produit se répare plus rapidement.

Ces effets pourraient peut-être s'expliquer par le plus grand développement des feuilles dans les races améliorées, et l'effet produit dans le sens de l'augmentation du sucre pourrait également se produire dans le sens de l'élimination des sels par un mouvement ascensionnel plus rapide provoqué par le développement des feuilles.

C'est peut-être à ce développement des feuilles et à l'emploi, dans la généralité de la culture, d'une plus grande quantité de graines de betteraves améliorées qu'il faut attribuer la réduction des matières salines et par suite la diminution de la mélasse et l'augmentation du rendement en sucre dans les masses cuites de 1ᵉʳ jet dans la campagne 1886-87.

Ce sont là de nouveaux sujets d'étude d'une grande importance au point de vue de l'amélioration du coefficient salin de la betterave et de la production de la mélasse sous l'influence de la végétation.

XVIII

DES PROGRÈS ACCOMPLIS PAR LA CULTURE DANS LA RICHESSE EN SUCRE DE LA BETTERAVE

Nous avons dit, paragraphe XVI, que notre examen n'ayant porté jusqu'à présent que sur les masses cuites de 1ᵉʳ jet ne nous avait pas permis d'apprécier les améliorations produites par la culture dans la richesse en sucre de la betterave, sous l'influence de la législation de 1884, mais que nous examinerions si les documents publiés par l'administration de l'impôt ne nous en fourniraient pas les moyens.

Déjà la question a été examinée par M. Pagnoul, directeur de la Station agronomique du Pas-de-Calais.

« Les trois concours betteraviers, écrit M. Pagnoul (1), institués par le
» département en 1885, 1886 et 1887, et les travaux relatifs à divers champs
» d'expériences nous ont conduit à effectuer à la Station agronomique, dans
» le cours de ces trois dernières années, environ 3,500 analyses de betteraves,
» presque toutes effectuées sur des lots de 30 à 50 racines et représentant par
» conséquent un total de 50 à 60,000 kilogr.

» Ce travail, dont les proportions s'éloignent beaucoup de ce que peut
» faire habituellement un laboratoire d'analyse, nous a permis de suivre
» d'une manière assez précise les progrès accomplis sous l'influence de la
» loi de 1884 et de mieux établir les relations qui existent entre la densité et
» la richesse du jus. »

M. Pagnoul, après avoir établi par de nombreuses expériences qu'il existe des relations assez précises entre les densités et les richesses moyennes, dans le rapport de 2 de sucre pour 1 de densité, prend la densité du jus de betterave comme mesure de la richesse en sucre et dresse le tableau suivant des lots de betteraves qu'il a analysées, en mettant en présence de chaque densité le nombre de lots sur mille lots ayant cette même densité, pendant chaque année de 1885, 1886, 1887, en prenant pour point de comparaison les densités de betteraves cultivées antérieurement à 1885, c'est-à-dire dans les années où les betteraves n'avaient pas été encore cultivées sous l'influence de la loi de 1884, comme nous l'avons fait nous-mêmes dans l'étude des masses cuites de 1er jet.

Nous reproduisons ici le tableau de M. Pagnoul.

TABLEAU N° 11

Nombre des lots sur mille ayant donné ces densités.

DENSITÉS	Avant 1895	En 1885	En 1886	En 1887
1	2	3	4	5
De 3 à 4°.	60	0	0	0
De 4 à 5	600	41	10	13
De 5 à 6	330	592	261	238
De 6 à 7	10	329	604	646
De 7 à 8	0	29	116	102
De 8 à 9	0	9	9	1

Il faut remarquer que les lots de betteraves contenus dans les différentes colonnes nos 2, 3, 4 et 5 représentent des betteraves récoltées de septembre à

(1) *Sucrerie indigène et coloniale*, tome XXX, n° 24, 13 décembre 1887, page 650.

novembre chaque année ; que les nombres contenus dans la colonne n° 2 représentent les betteraves correspondant aux masses cuites de 1er jet produites dans la campagne avant celle de 1885, c'est-à-dire de 1884-85 ; la colonne n° 3 celles de la campagne 1885-86 ; la colonne n° 4 celles de la campagne 1886-87.

Les densités des jus de betteraves indiquées dans la colonne n° 1 peuvent donc correspondre aux masses cuites de 1er jet étudiées dans les paragraphes précédents et produites dans chacune des trois campagnes 1884-85, 1885-86, 1886-87 et aux résultats obtenus dans cette étude pour chacune de ces trois campagnes.

La colonne n° 5 concerne les betteraves cultivées en 1887 et utilisées dans la présente campagne 1887-88, sur laquelle nous n'avons produit jusqu'à présent aucune observation.

On voit par ce tableau de M. Pagnoul que le nombre de betteraves à jus de faible densité va sans cesse en diminuant, tandis que le nombre de betteraves à jus le plus dense va sans cesse en augmentant de 1884 à 1887.

Si l'on détermine la densité moyenne du jus pour l'ensemble des lots pour chaque année et que l'on multiplie par 2 cette densité, on obtient la richesse moyenne en sucre du jus de betterave pour chaque année. Ainsi :

	Densité	Sucre p. 100 c.c.
Pour les années antérieures à la loi de 1884	4° 79	9.58
Pour l'année 1885 (campagne 1885-86)	5.87	11.74
— 1886 (— 1886-87)	6.34	12 68
— 1887 (— 1887-88)	6.34	12.68

Ainsi la richesse en sucre du jus dans la betterave, qui était en moyenne de 9.58 p. 100 c.c. avant la loi de 1884, s'est élevée successivement, sous l'influence de cette loi, en 1885 à 11.74, en 1886 et 1887 à 12.68.

Si pour mesurer les progrès accomplis dans la densité et par suite dans la richesse en sucre du jus de betterave sous l'influence de la loi de 1884, comme nous l'avons fait dans l'examen des masses cuites de 1er jet, l'on représente la densité moyenne ou la richesse en sucre ci-dessus, en prenant pour point de comparaison la densité ou la richesse en sucre moyenne pour les années qui ont précédé la loi de 1884, le nombre 100, on obtient pour nombre proportionnel :

En 1885-86 . . . . 122.5
En 1886-87 . . . . 132.3
En 1887-88 . . . . 132.3

Ainsi donc l'amélioration produite dans la densité du jus de betterave et dans sa richesse saccharine a été en moyenne de :

En 1885 . . . . 22.5 p. 100
En 1886 . . . . 32.3   —
En 1887 . . . . 32.3   —

Ces nombres peuvent servir de mesure aux progrès accomplis par la culture dans la richesse en sucre de la betterave, d'après les analyses de M. Pagnoul.

5

Nous avons dit que les documents publiés par l'administration des finances devaient également pouvoir servir à établir les progrès accomplis par la culture depuis la loi de 1884 dans la richesse en sucre de la betterave. En effet, l'impôt étant déterminé par le poids soigneusement constaté de la betterave entrant en fabrication et les employés de l'administration suivant toutes les opérations de la fabrication, on pouvait croire que dans les publications qu'elle fait à la fin de chaque campagne, c'est-à-dire à l'inventaire de la fin d'août de chaque année, on trouverait tous les éléments nécessaires à l'étude de cette question.

En examinant ces documents, nous avons reconnu que depuis l'application de la loi de 1884, l'administration avait singulièrement réduit les renseignements qu'elle publiait précédemment. En effet, avant la loi de 1884, les tableaux qu'elle publiait contenaient pour chaque campagne la quantité de jus obtenu, sa densité, la quantité de masse cuite 1er, 2e et 3e jet et la quantité de sucre obtenu de ces masses cuites, ainsi que la quantité de résidu-mélasse. Les renseignements publiés depuis la loi de 1884 ne portent plus que sur la quantité de betteraves, mise en travail, la quantité de sucre obtenu en tous jets traduits au titre de sucre raffiné et la quantité de mélasse.

Ce sont donc là les seuls renseignements publiés par l'administration des finances dont nous puissions disposer pour apprécier la valeur relative de la richesse en sucre des betteraves produites avant et depuis la loi de 1884 jusqu'à la campagne 1886-87 dans les fabriques abonnées, c'est-à-dire dans celles où l'impôt a été prélevé sur la betterave.

Nous résumons dans le tableau suivant, pour chaque campagne :

1° La quantité totale des betteraves mises en travail ;

2° La quantité totale du sucre obtenu en tous jets représentée en sucre raffiné ;

3° La quantité totale de mélasse ;

4° La quantité de sucre raffiné ramené à 100 k. de betteraves ;

5° La quantité de mélasse ramenée à 100 k. de betteraves ;

6° La quantité totale de sucre obtenu, réuni à la quantité de sucre contenu dans la mélasse pour 100 k. de betteraves, en admettant 50 p. 100 de sucre dans la mélasse.

TABLEAU N° 12

CAMPAGNES	Betteraves employées, en tonnes	Sucre raffiné produit, en tonnes	Mélasse obtenue, quantité de tonnes	Sucre raffiné par 100 k. de betteraves	Mélasse par 100 k de betteraves	Sucre total extrait et dans la mélasse
1	2	3	4	5	6	7
1884-85	4.556 796	272.962	193.038	5^k987	4^k236	8^k105
1885-86	3.385.439	265.084	109.175	7.830	3.224	9.442
1886-87	4.900.421	434.062	98.819	8.857	2.016	9.865

Si l'on examine les nombres contenus dans la colonne n° 5 du tableau ci-

dessus, on trouve que le rendement en sucre raffiné par 100 kilogr. de betteraves entrées en fabrication a été de :

Dans la campagne 1884-85. . . . .   5ᵏ 987
     —   1885-86. . . . .   7.830
     —   1886-87. . . . .   8.857

Si, comme nous l'avons fait pour les densités, on représente le rendement
en sucre par 100 kilogr. de betteraves dans la campagne 1884-85 par le
nombre   100
on obtient pour nombre proportionnel pour la campagne 1885-86. .   130.7
    —   —   —   1886-87. .   147.9

L'amélioration dans le rendement en sucre raffiné (officiel) est donc de :

Dans la campagne 1885-86. . . . .   30.7 p. 100
     —   1886-87. . . . .   47.9   —

L'amélioration produite dans la densité et par suite dans la richesse en
sucre de la betterave, d'après les expériences de M. Pagnoul, avait été de :

Dans la campagne 1885-86 . . . .   22.5
     —   1886-87 . . . .   32.3

L'amélioration produite par le rendement en sucre obtenu en fabrique
serait donc supérieure à l'amélioration déduite de la densité du jus de betteraves et par suite de sa richesse saccharine dans les proportions suivantes :

	Par la densité	Par le rendement en sucre
Dans la campagne 1885-86.	22.5	30.7
— 1886-87.	32.3	47.9

Cette différence en faveur du rendement en sucre (officiel) pourrait trouver
son explication dans la pureté des masses cuites de 1ᵉʳ jet, dont nous avons
fait ressortir toute l'importance au paragraphe III de ce travail.

Si l'on rapproche les nombres mesurant l'amélioration produite dans la
pureté des masses cuites de 1ᵉʳ jet, des nombres représentant l'amélioration
constatée sur le rendement en sucre légal tels qu'ils viennent d'être établis,
on trouve :

	Pureté des masses cuites de 1ᵉʳ jet.	Rendement en sucre
Dans la campagne 1885-86	28.0	30.7
— 1886-87	49.0	47.9

L'amélioration produite dans le rendement en sucre raffiné obtenu par
par 100 kilos de betteraves, se rapproche donc de l'amélioration produite dans
la pureté des masses cuites de 1ᵉʳ jet, au point, pour ainsi dire, de se confondre.

Ces nombres obtenus dans la pratique et constatés officiellement, si rapprochés des nombres fournis par la théorie, témoignent de la valeur des moyens
d'examen que nous avons employés et des conséquences que nous en avons
déduites.

Si l'on examine la colonne n° 6 du tableau précédent qui indique la quantité officielle de mélasse obtenue par 100 kilos de betteraves, on trouve que la quantité de mélasse produite a été :

	Sucre.	Mélasse.		
Dans la campagne 1884-85 pour . .	5 k. 987	de 4 k. 236 soit p. 100	70,7
— 1885-86 — . .	7 » 830	— 3 » 224 —	41,1
— 1886-87 — . .	8 » 857	— 2 » 016 —	22,7

La quantité de mélasse par rapport au sucre obtenu a donc été successivement en déclinant depuis l'année 1884-85.

Nous avons déjà signalé, paragraphe VIII, dans l'étude des masses cuites de 1er jet, en nous servant, comme moyen d'examen, de la méthode mélassimétrique, qu'une fabrique produisant 100 hectolitres de masse cuite en grains de 1er jet obtenait en moyenne en 24 heures :

	Sucre	Mélasse		
Dans la campagne 1884-85	9.316^k (1)	6.284^k, soit p. 100	67.4
— 1885-86	10.255	4.863 —	47.4
— 1886-87	10.900	4.250 —	39.0

Ces nombres, que l'on peut désigner sous le nom de théoriques, rapprochés de ceux donnés par la pratique et constatés d'une manière officielle, présentent les différences suivantes, par 100 k. de sucre :

	Quantités de mélasse indiquées par la théorie	Quantités de mélasse obtenues par la pratique
Dans la campagne 1884-85	67.4	70.7
— 1885-86	47.4	41.1
— 1886-87	39.0	22.7

Les nombres ci-dessus représentant la mélasse obtenue pendant les campagnes 1885-86 et 1886-87 par la pratique sont un peu plus faibles que ceux indiqués par la théorie, mais nous croyons que dans ce cas la théorie est plus exacte que la pratique. En effet, dans la détermination en sucre raffiné des 1er, 2° et 3° jets, l'administration de l'impôt ne tient pas compte de la mélasse qui se trouve plus ou moins mélangée à ces sucres. Ainsi un sucre titrant 92° saccharimétriques et contenant 1,5 de cendres se trouve transformé par le coefficient 4 en sucre titrant 86° en raffiné. Il se trouve donc ainsi 6 kil. de sucre à l'état de mélasse qui ne figure dans aucun compte ; la quantité de mélasse se trouve donc ainsi diminuée de 12 kilogr. sur 86 kilogr. de sucre raffiné.

Il y a donc dans les nombres fournis et publiés par l'administration, par cette manière de compter, un déficit sur la quantité de mélasse produite qui amoindrit les quantités réelles de mélasse contenues primitivement dans les

(1) Nous profitons de l'occasion pour réparer ici une erreur typographique qui s'est répétée dans les nombres du § VII (*Sucrerie indigène*, n° du 6 décembre 1887, page 636).

En désignant les quantités de sacs de sucre produits en 24 heures correspondant à 100 hectolitres de masse cuite de 1er jet dans chaque campagne, une virgule a été oubliée qui porte ces quantités aux chiffres invraisemblables de 939 sacs *au lieu de* 93 sacs 9 — de 965 *au lieu de* 96,5 — de 891 *au lieu de* 89,1 — de 102) *au lieu de* 102 — de 1031 *au lieu de* 103,1 — de 1087 *au lieu de* 108,7 — de 1093 *au lieu de* 109,3 — de 1081 *au lieu de* 108,1 — de 94 *au lieu de* 9,4 — de 156 *au lieu de* 15,6.

masses cuites de 1er jet, de telle sorte que les résultats indiqués par la théorie paraissent plus près de la vérité et plus dignes de foi que ceux fournis par la pratique.

Si maintenant l'on examine les nombres contenus dans la colonne n° 7 du tableau ci-dessus donnant la totalité du sucre obtenu, ramené par les analyses et les calculs de l'administration des finances en sucre raffiné à 100°, réuni au sucre contenu dans la mélasse, calculé à raison de 50 kilogr. de sucre à 100° par 100 kilogr. de mélasse, on trouve que 100 kilogr. de betteraves entrées en fabrique devaient contenir et ont donné en sucre extrait et en sucre dans la mélasse :

Dans la campagne 1884-85	Sucre 8^k105 grammes		
— 1885-86	— 9.442	—	
— 1886-87	— 9.865	—	

Si l'on rapproche ces nombres de ceux qui peuvent être déduits de la densité du jus multiplié par 2, pour établir la richesse en sucre du jus, d'après les constatations de M. Pagnoul, et en ramenant la richesse en sucre du jus à 100 kilogr. de betteraves contenant en moyenne 95 p. 100 de jus, on trouve les nombres suivants :

	Sucre contenu dans 100 kil. de betteraves d'après la densité du jus	Sucre obtenu, calculé en raffiné, et sucre dans la mélasse	Différence ou perte dans la fabrication ou par la mélasse accompagnant le sucre fabriqué	Perte p. 100 du sucre contenu dans la betterave
Dans la campagne 1884-85	9.58	8.105	1.475	15.39 p. 100
Dans la campagne 1885-86	11.74	9.442	1.088	9.26 »
Dans la campagne 1886-87	12.68	9.865	1.455	12.12 »

Ainsi, d'après ces données, la perte en sucre dans les opérations de la fabrication et dans les sucres fabriqués d'une qualité inférieure au titre du sucre raffiné pris en charge a été de :

Dans la campagne 1884-85.	15.39 p. 100	
— 1885-86.	9.26	—
— 1886-87.	12.12	—

Cette perte importante doit fixer l'attention du fabricant non seulement par l'examen des pertes dans les résidus mais surtout par la mélasse qui accompagne le sucre dans les bas produits, mélasse qui non seulement ne lui est pas payée, mais qui déprécie souvent dans de grandes proportions le titre saccharimétrique des sucres.

L'examen qui vient d'être fait dans ce paragraphe établit que depuis la campagne 1884-85, prise pour point de comparaison, l'amélioration produite dans la richesse en sucre de la betterave a été successivement en augmentant dans les campagnes suivantes, 1885-86 et 1886-87, parallèlement avec la pureté des masses cuites de 1er jet et à très peu près dans les même proportions.

D'où l'on peut tirer cette conséquence que la pureté des masses cuites de 1ᵉʳ jet est essentiellement liée à la richesse en sucre de la betterave, et doit avoir la même origine : *la culture.* Aussi nous nous associons complètement à ce passage du travail de M. Pagnoul : *« L'agriculture a fait ce qu'elle devait,* » *ce qu'elle pouvait faire ; elle a répondu aux encouragements que lui offrait la* » *loi nouvelle, accomplissant en trois années un progrès considérable. »*

Nous ajouterons : progrès dont l'Allemagne poursuit l'étude et la réalisation depuis plus de trente années à la faveur de sa législation, que la loi française de 1884 n'a fait qu'imiter.

« Ce qu'il importe aujourd'hui, ajoute M. Pagnoul, c'est de maintenir ce » progrès. »

Par quel moyen ? dirons-nous.

En maintenant la loi de 1884 dans toute son intégralité !

XIX

INFLUENCE DES POUVOIRS PUBLICS SUR LES PROGRÈS ACCOMPLIS DANS LA CULTURE DE LA BETTERAVE ET DANS LA FABRICATION DU SUCRE EN FRANCE DEPUIS LA LOI DE 1884 SUR L'IMPÔT DU SUCRE PERÇU SUR LA BETTERAVE ENTRANT EN FABRICATION (1).

Nous avons démontré dans les paragraphes précédents les progrès accomplis dans la culture de la betterave et dans la fabrication du sucre en France sous l'influence de la loi de 1884 sur l'impôt du sucre ; nous avons représenté par des nombres comparatifs la part de la culture et la part de la fabrication dans la somme des progrès accomplis ; nous avons maintenant à rechercher, pour achever notre tâche, dans quelle mesure les pouvoirs publics ont secondé ce grand mouvement de progrès.

1° *La loi de 1884 sur l'impôt du sucre. — Instrument de progrès.*

Dans une brochure que nous avons publiée en 1863, ayant pour titre : *l'Impôt sur le sucre considéré au point de vue des progrès à réaliser dans la fabrication du sucre,* nous avons écrit : *La loi doit être un instrument de progrès.*

Nous n'avons cessé, à plusieurs reprises depuis cette époque, de développer la même pensée, notamment en 1875, lorsqu'il s'agissait d'établir l'exercice dans les raffineries et lors de la discussion de la loi de 1884, en montrant *l'influence néfaste des législations françaises sur les progrès à réaliser dans la fabrication du sucre.*

Il semble que les auteurs de la loi de 1884 se sont inspirés de cette for-

---

(1) Ce chapitre est extrait d'un opuscule ayant pour titre Progrès accomplis dans la culture de la betterave et dans la fabrication du sucre sous l'influence de la loi de 1884 sur l'impôt du sucre, qui a été distribué à chacun des membres du Sénat.

mule ; en effet, en présence des faits acquis, cette loi ne peut recevoir une meilleure définition : *c'est un instrument de progrès !*

Nous ne rappelons pas cette citation pour la vaine satisfaction d'établir que nous avons peut-être été le premier à formuler cette vérité. Si elle était nouvelle dans la législation française, elle faisait la base de plusieurs législations étrangères sur l'impôt du sucre, particulièrement en Allemagne depuis 1841.

La loi de 1884, en ce qui concerne l'impôt sur le sucre perçu sur la betterave, est très simple dans son énoncé. Nous croyons devoir en reproduire ici les dispositions principales afin de pouvoir examiner et apprécier les changements qui y ont été apportés et leur influence sur le développement du progrès dans la culture et dans la fabrication.

« Art. 1er. — Les droits sur les sucres de toute origine sont fixés ainsi qu'il
» suit :
» Sucres bruts et raffinés : 50 francs par 100 kil. de sucre raffiné.
» Art. 3. – Tout fabricant de sucre indigène pourra contracter avec l'ad-
» ministration des contributions indirectes un abonnement en vertu duquel
» les quantités de sucre imposables sont prises en charge d'après le poids de
» la betterave mis en œuvre.
» Cette prise en charge sera définitive quels que soient les manquants ou
» les excédents qui pourraient se produire. Elle aura lieu aux conditions
» ci-après :

Procédés de fabrication	Rendement par 100 kil. de betterave.
» Diffusion ou tout autre procédé analogue . . .	6 kil. sucre raffiné.
» Presses continues ou hydrauliques.	5 kil. sucre raffiné.

» Les sucres, sirops ou mélasses obtenus dans les fabriques abonnées
» en excédent du rendement légal seront assimilés au sucre libéré d'impôt.
» A partir du 1er septembre 1887, les quantités de sucre imposables seront
» prises en charge dans toutes les fabriques d'après le poids des betteraves
» mises en œuvre, quel que soit le procédé d'extraction du jus.
» Les rendements seront fixés comme suit par 100 kil. de betteraves :

Campagne de 1887 à 1888	6^k250 sucre raffiné.	
» 1888 à 1889	6^k500	»
» 1889 à 1890	6^k750	»
» 1890 à 1891	7 kil.	»

2° La loi de 1884. — Contrat synallagmatique.

Une loi présentant cette précision, fixant son application jusqu'en septembre 1891, revêt ainsi absolument tous les caractères d'un contrat synallagmatique qui engage les parties intéressées au même degré, sans qu'aucune d'elles puisse s'affranchir des obligations du contrat. Elle dit :

« La prise en charge sera définitive quels que soient les manquants ou
» les excédents qui pourront se produire. »

Si l'application de cette loi n'avait donné que des manquants, que serait-il arrivé ? Assurément l'administration des finances aurait réclamé le droit sur les manquants, et le fabricant n'aurait eu aucune raison à faire valoir pour s'y soustraire ; mais des excédents ont été produits.

Ce cas-là était prévu par la loi. S'il y a des excédents, ils appartiendront aux fabricants.

C'est un appel fait par la loi à l'esprit de progrès, et l'on peut voir avec quelle sollicitude elle l'encourage, comme elle craint de le compromettre ; elle a été éclairée, elle sait que le progrès seul peut sauver ces deux belles industries nationales : la culture et la fabrication du sucre. Elle a compris que le progrès en agriculture et en industrie ne s'improvise pas, qu'il ne peut se réaliser que par une succession d'années ; aussi elle a accordé 4 années, 4 campagnes pour relever le rendement légal de la betterave de 6 à 7 p. 100 de sucre.

Sa sollicitude pour le progrès a été plus loin. Dans la crainte de l'étouffer à sa naissance, elle a pénétré dans la valeur des procédés de fabrication du sucre ; elle a reconnu que certains procédés d'extraction du jus donnaient un plus grand rendement en sucre, et elle a établi cette distinction que, pour les fabriques travaillant par la diffusion le rendement légal serait de 6 p. 100 et pour les fabriques travaillant par les presses, il serait de 5 p. 100.

Elle a compris que ce dernier outillage inférieur ne pouvait être transformé immédiatement et elle a accordé trois années pour cette transformation, après lesquelles tous les moyens d'extraction du jus devenaient égaux devant la loi.

Elle a fait plus, elle a voulu encourager le progrès dans les fabriques même se refusant à contracter l'abonnement dans la crainte de ne pas couvrir la prise en charge de 5 p. 100. Elle leur a dit : « Faites vos efforts vers le progrès », et elle leur a accordé, pendant les trois années que l'abonnement est resté facultatif, un déchet de fabrication de 8 p. 100 sur le montant total du sucre fabriqué dans chaque fabrique non abonnée, c'est-à-dire que sur 100 sacs de sucre fabriqué, la loi de 1884 accorde d'abandonner l'impôt de 50 francs par sac sur 8 sacs, soit une prime au progrès de 400 francs par 100 sacs de sucre.

Telles sont les prescriptions de la loi de 1884, dans son texte et dans son esprit, de ce contrat entre l'impôt et la fabrication du sucre.

Si les législateurs de 1884 n'avaient pas voulu donner à la loi de 1884 le caractère d'un contrat obligeant toutes les parties contractantes, pourquoi donc la loi, expression de leur volonté commune, a-t-elle mis un soin particulier à fixer le rendement en sucre pour chaque campagne jusqu'en 1891 ?

Est-ce que, dans ce cas, elle aurait établi toutes les prescriptions qu'elle renferme sur le rendement progressif par année, sur le rendement différentiel selon les procédés employés et sur la faculté de l'abonnement pendant trois années.

Quelques orateurs et même le ministre des finances de l'époque ont fait des réserves mentales sur des changements qui pourraient, dans la suite, être apportés à cette loi. « Ce qu'une loi a fait une autre loi peut la défaire, » a dit le ministre ; mais si les législateurs de 1884 avaient adopté cette doctrine, s'il avaient voulu réserver le droit d'apporter des changements dans les diverses prescriptions de cette loi, est-ce qu'ils n'y auraient pas introduit un article établissant que si l'excédent de sucre sur la prise en charge légale dépassait les prévisions, les rendements établis fixés par la loi de 1884 pourraient être modifiés avant l'expiration du délai légal de 1891. Aucune réserve semblable n'a été mise dans la loi. Donc la loi qui établit le contrat, la charte des parties, doit être exécutée littéralement, et nul ne peut s'y soustraire sans violer la loi de 1884.

L'excédent de sucre sur la prise en charge est donc justifié par la loi au même titre que le rendement légal.

3° Crédit fait au Progrès par la culture et par la fabrication du sucre en vue de la production de l'excédent légal.

Les parties agissantes, la culture et la fabrication du sucre, ont ainsi compris la loi de 1884 : un contrat qui ne pouvait être modifié avant 1891. Elles se sont mises à l'œuvre avec résolution, ne reculant devant aucun sacrifice, confiantes dans les engagements de la loi. Les résultats obtenus ont dépassé toutes les prévisions.

Le rendement en sucre de 100 kilogrammes de betterave, qui n'était au moment de la loi de 1884, en moyenne, qu'à 5^{k}987 s'est élevé, dans les fabriques abonnées, dès l'année suivante à 7^{k}830, produisant ainsi un excédent sur la prise en charge de 30 p. 100, et dans la campagne de 1886 à 1887, un rendement de 8^{k}857, produisant un excédent de 47,61 p. 100.

Comment ces résultats ont-ils été obtenus ?

Des législateurs inconscients de leur ignorance des questions qu'ils traitaient — nous voulons bien admettre cette excuse — ont porté à la tribune de la Chambre des députés de gros chiffres de bénéfices réalisés dans certaines fabriques par suite de leurs excédents sur la prise en charge légale, sans se demander ce que les bénéfices avait coûté d'efforts, de travail, de dépenses, de capital risqué et par la culture et par la fabrication.

Pour continuer à notre travail le caractère de précision que nous avons cherché à lui donner pour représenter par des nombres comparatifs les différentes influences qui ont pu contribuer au développement des progrès dans l'industrie du sucre en faisant la part de la culture et de la fabrication, nous avons cherché à déterminer les dépenses, c'est-à-dire le capital immobilisé et par la culture et par la fabrication, pour arriver à réaliser les progrès accomplis sous l'influence de la loi de 1884.

Dans tous nos rapports soit avec des fabricants de sucre cultivateurs, soit avec des cultivateurs propriétaires ou fermiers, nous n'avons cessé de les aborder avec cette question : « Avant la loi de 1884 vous produisiez des betteraves à grand peine à 8 ou 10 pour cent de sucre, comment se fait-il que vous êtes arrivés à produire des betteraves à 12, 15 et même 18 pour cent. »

Nous pouvons résumer les réponses qui nous ont été faites dans les termes suivants : « Avant la loi de 1884, la fabrique de sucre nous payait la betterave à 18 francs les mille kil. ; nous avions le plus grand intérêt à en produire le plus possible à l'hectare, et nous semions des graines donnant la quantité sans nous préoccuper de la qualité, nous pratiquions ce que l'on appelle la culture intensive, nous récoltions de 50 à 75 mille kil. à l'hectare.

Nous avons reconnu que la fabrication du sucre avec de pareilles betteraves était menacée dans son existence alors nous nous sommes prêtés à semer des *graines améliorées dites de conciliation* qui donnaient des betteraves de 10 à 12 de sucre, mais la production à l'hectare n'étant plus que de 28 à 40 mille kil., nous avons été encouragés dans cette voie par l'achat de nos betteraves d'après la densité du jus, pratiquée par les fabricants dé sucre d'abord peu nombreux ; et nous avons trouvé dans l'application de cette méthode qui a fini par se généraliser un prix plus rémunérateur de nos premiers efforts vers la production d'une betterave plus riche en sucre.

Enfin est intervenue la loi de 1884 où une prime d'encouragement était donnée au progrès, dans la fabrication du sucre, en rendant indemne de tout droit l'excédent de rendement en sucre sur la prise en charge légale.

Nous avons reconnnu que le fabricant de sucre au lieu d'en faire son profit exclusif offrait au cultivateur une large compensation de ses efforts vers la production d'une betterave d'une richesse en sucre de plus en plus élevée ; en majorant l'excédent de densité sur la moyenne, d'une plus-value dans le prix de la betterave de 75 centimes à 1 franc par dixième de degré du densimètre ; l'on est arrivé ainsi à produire des betteraves à 16 et 18 pour cent de sucre, c'est ainsi que le prix qui était de 18 francs par mille kil. avant la loi de 1884, s'est élevé en 1887 jusqu'à 30, 36 et 40 francs, mais la récolte par hectare est tombée de 20 à 25 mille.

Mais ce n'est pas sans de grands sacrifices que de pareils résultats ont pu être obtenus.

D'abord il a fallu rompre avec les habitudes invétérées par une longue pratique.

On avait dit il est impossible d'obtenir des betteraves à grande richesse saccharine avec les assolements pratiqués en France ; imitez l'Allemagne, ne fumez jamais directement la terre qui doit produire la betterave, semez la betterave après blé, et fumez pour le blé, c'est le seul moyen d'arriver à la richesse saccharine de la betterave allemande.

Un changement aussi complet dans la culture et dans la rotation des récoltes était bien difficile en France.

Alors la culture s'est mise à l'œuvre, elle a appelé à son aide les données fournies par toute une génération de chercheurs éclairés par la science.

Elle a abandonné les graines dites de conciliation. Elle a choisi les graines des races de bettteraves les plus améliorées au point de vue de leur richesse en sucre, mais ce premier pas n'a pas suffi ; ces races ont surtout pour caractère d'être pivotantes, elles exigent un sol profond, il a fallu défoncer le sol, pénétrer dans le sous-sol.

Dans une visite chez un fabricant de sucre cultivateur nous avons vu ce magnifique spectacle de 10 bœufs attelés à une charrue. J'ai trois cents hectares de culture, nous dit-il, je défonce ainsi 50 hectares par an, à grands frais, je ne puis faire plus chaque année, il me faut six années pour donner à ma culture la perfection qu'elle doit avoir pour produire des betteraves qui puissent rivaliser avec la richesse en sucre des betteraves allemandes, que la loi de 1884 nous laisse le temps qu'elle a fixé elle-même 1891 et je ne craindrai plus la concurrence allemande pour notre industrie.

Le défoncement du sol était donc un nouveau pas vers le progrès.

Mais les labours profonds exigent une plus grande quantité d'engrais, le sous-sol appauvrirait le sol s'il n'était pas fertilisé par de nouveaux engrais.

Quels engrais, où les prendre, comment et à quelle époque les employer?

C'est alors que le caractère français, nous dirons le génie français va intervenir,— au lieu de suivre servilement les pratiques de la culture allemande, la culture française va créer de nouvelles méthodes ; au lieu d'éviter l'emploi des engrais directement sur betteraves, elle va multiplier l'emploi des engrais sur betteraves. Nous ne pouvons mieux faire pour en donner une idée que de reproduire ici les renseignements qui nous ont été fournis sur une méthode par laquelle les meilleures résultats ont été obtenus, comme qualité sucrée et comme quantité à l'hectare.

Avant la loi de 1884 on employait comme fumure sur les champs destinés à la betterave, des fumiers de ferme environ 50 mille kil. à l'hectare, des pacages de moutons, des guanos, on n'était entré qu'avec timidité dans l'emploi des engrais chimiques.

Depuis la loi de 1884 les fumures mises sur du chaumage de blé avant l'hiver se composent de 40 mille kil. de fumier de ferme à l'hectare sur lequel on épand mille kil. de phosphate de chaux en poudre, et l'on enfouit le tout avec la charrue derrière laquelle se trouve un fouilleur travaillant le soussol, tout en évitant de le ramener à la surface.

Au printemps on sème sur ce labour une quantité de 300 à 600 kil. d'engrais chimique composé de 2/3 de superphosphate et 1/3 de nitrate de soude on herse très fortement à 10 ou 15 centimètres de profondeur pour bien mélanger l'engrais avec la couche supérieure de la terre, puis lorsque l'on sème la betterave, on emploie un semoir spécial distribuant simultanément la graine et une nouvelle quantité du même engrais en poudre dans la proportion d'environ 200 kil. à l'hectare, par cette méthode la terre destinée à la betterave a reçu trois engrais, à des hauteurs différentes.

Il est une autre condition importante à réaliser, en présence de cet excès d'engrais mis directement à la disposition de la végétation de la betterave, c'est de restreindre le développement de la betterave en volume, on y parvient toujours par un rapprochement suffisant des betteraves entre elles, avant la loi de 1884, on laissait de 4 à 6 betteraves par mètre carré, aujourd'hui, cette quantité se trouve portée de 8 à 12, et dans certaines cultures au-dessus de 12, on doit multiplier les sujets selon la fertilité du sol.

Toutes ces améliorations ont entraîné à un supplément de dépenses de toutes sortes, d'abord comme capital immobilisé pouvant être représenté par hectare par une somme d'environ. 100 fr.
et comme capital à renouveler pour chaque campagne. 100
Soit ensemble . . . . 200 fr.

Avec ces données il devient possible d'établir le capital dépensé par la culture et les documents publiés par l'administration des contributions indirectes nous en fourniront les moyens, d'après ces documents il a été employé dans la campagne de 1886 à 1887, 4.900.421 tonnes de betteraves, ayant une richesse en sucre moyenne de 12,68 pour cent (voir paragraphe 18), ce qui correspond d'après les données ci-dessus à un rendement moyen de 32 tonnes de betteraves à l'hectare.

Il résulte de ces chiffres qu'il a fallu pour produire les 4.900.421 tonnes de betteraves 153.138 hectares.

Si donc la dépense supplémentaire de la culture pour produire la betterave riche en sucre a été de 200 francs par hectare, elle représente un total pour toute la récolte de 153,138 × 200 = 30 millions 627,600 fr., sur lesquels 15 millions 313,808 francs doivent être dépensés chaque année.

Nous disons dépensés — nous devons dire risqués car le cultivateur n'est jamais certain de sa récolte. On en a eu une nouvelle preuve désastreuse dans la dernière campagne 1888, où les vers blancs et les vers gris unis à une sécheresse exceptionnelle ont détruit dans beaucoup de contrées un grand tiers de la récolte de betteraves.

Oui ! nous le répétons, la culture confiante dans la loi de 1884, dans ses prescriptions impératives, s'est résolument mise à l'œuvre, elle n'a pas hésité à risquer un capital de 30 millions 627,600 francs pour augmenter la richesse en sucre de la betterave dans le but de permettre au fabricant de réaliser sur le rendement un excédent de sucre indemne d'impôt dont elle-même en cas de succès devait avoir sa part.

Nous venons de voir comment la culture a compris sa mission en présence des garanties que lui fournissait la loi de 1884.

Examinons maintenant comment la fabrication s'est acquittée de la sienne :

C'est encore les documents publiés par l'Administration des Finances qui va nous fournir les éléments de cet examen.

Deux perfectionnements importants dans les procédés de la fabrication du sucre, tous deux ayant pour but principal de tirer une plus grande quantité de sucre de la betterave lui étaient signalés; l'un s'appliquant à l'extraction du jus connu sous le nom de *diffusion* — l'autre s'appliquant à l'extraction du sucre contenu dans la mélasse désigné sous le nom de l'*osmose*.

D'après les documents publiés par l'administration des contributions indirectes il existait avant l'application de la loi de 1884 (1) 138 sucreries et râperies employant des appareils de diffusion — en 1886 à 87 ce nombre s'élevait à 274 (2). Il s'était donc monté depuis la loi de 1884 — 136 appareils de diffusion, auxquels il faut ajouter les appareils de diffusion montés pendant la campagne de 1887 à 88 non compris dans ce chiffre au nombre de 89, soit ensemble : 225 (3).

Pour l'osmose les mêmes documents établissent qu'il existait dans les fabriques de sucre avant la loi de 1884 — 623 osmogènes. Ce nombre s'élevait dans la campagne de 1886 à 87 à 1884 soit une augmentation d'osmogènes depuis la loi de 1884 de 1261.

Quelles sont approximativement les dépenses qu'a entraînées l'installation de ces divers procédés et appareils dans la fabrication du sucre ?

(1) — Tardieu, *Sucrerie indigène*, t. XXIII. — 19 février 1884, page 185.
(2) — Id. Id. Id. t. XXXI. — 3 avril 1888, page 350.
(3) — Dureau. — Liste générale des fabricants de sucre, page 95, 1888.

On peut estimer en moyenne la dépense d'installation de la diffusion — appareil de diffusion, installation, agencements et accessoires à cent mille francs; nous connaissons des fabriques de sucre dont l'installation a coûté plus de 150 mille francs et si aujourd'hui ce prix se trouve réduit à cent mille francs, il peut être considéré comme la moyenne des dépenses faites par la généralité des fabriques de sucre.

On a vu par les nombres ci-dessus que depuis la loi de 1884 il s'était établi 225 appareils de diffusion qui à 100 mille francs chacun représentent une dépense de 22 millions 500 mille francs.

On peut estimer l'installation de chaque osmogène et des accessoires indispensables à une dépense de 2 mille francs par osmogène soit pour 1261 osmogènes une dépense totale de 2 millions 522 mille francs.

Il faut ajouter à ces dépenses, celles faites par l'application de divers procédés pour l'extraction du sucre de la mélasse, tels que les procédés Steffen, Sostmann, Le Franc, Daix et Possoz, Leplay et Radot, comprenant ensemble 9 établissements, pour lesquels on peut estimer la dépense à environ cinq millions.

La dépense totale en capital immobilisé dans la fabrication du sucre sous l'influence de la loi de 1884, a donc été :

Pour la diffusion.	22.500.000	fr.
Pour l'osmose	2.522.000	»
Pour les autres procédés	5.000.000	»
Soit ensemble.	30.022.000	fr.
A laquelle somme il faut ajouter les dépenses supplémentaires faites par la culture de la betterave .	30 627.600	»
Soit une dépense totale de.	60.649.600	»

Est-ce qu'en présence de ces chiffres incontestables, on peut admettre un moment que la culture et la fabrication du sucre se seraient livrées à une pareille dépense, à risquer un pareil capital, si la loi de 1884 ne leur avait pas donné la garantie d'une durée suffisante pendant laquelle ces deux industries s'appuyant loyalement l'une sur l'autre devaient trouver la rémunération d'un commun effort.

Les ressources de la culture et de la fabrication du sucre, au moment où la loi de 1884 fut votée, étaient épuisées ; cette loi a été pour elles, aux yeux de tous, un moyen de salut déjà tardif dont un grand nombre n'a pas pu profiter, on peut en trouver la preuve dans ce fait que dans la campagne de 1882 à 1883, il existait 497 fabriques de sucre en activité et que malgré la loi de 1884, il n'en existait plus dans la campagne de 1886 à 1887 que 384; 113 fabriques avaient donc disparu et ce n'est que sous l'influence de la loi de 1884 que les survivantes ont pu trouver les ressources nécessaires pour faire au progrès une avance de 60 millions de francs.

Il est résulté de cette confiance réciproque et de cet effort commun un immense progrès; le rendement en sucre de la betterave, comme nous l'avons établi plus haut, s'est elevé a plus de 47 p. 100 dès la 3º année de l'application de la loi de 1884 et continue d'aller en augmentant. Le progrès que l'Allemagne a mis plus de 40 années à étudier et à réaliser a presque été atteint en trois années par la culture et la fabrication françaises.

4° *Progrès accomplis dans la culture et dans la fabrication du sucre considérés comme résultat nouveau susceptible de privilège.*

Quand un progrès aussi incontestable a été réalisé quand un résultat aussi nouveau a été obtenu, soit par des moyens nouveaux, soit même par des moyens connus, la loi reconnaissante d'un progrès social véritablement acquis accorde, à l'auteur qui le réalise, un privilège d'une durée plus ou moins longue pendant laquelle il jouit exclusivement du bénéfice de son œuvre.

Cette propriété temporaire est établie dans tous les pays qui n'admettent pas pour les œuvres de l'intelligence et du travail, le principe de la rapine. Si c'est une œuvre d'art, de science, de littérature, de théâtre, de musique, la loi accorde à l'auteur la jouissance exclusive de son œuvre pendant sa vie et à ses héritiers pendant 20 ans. Si c'est une machine, un procédé, un produit, un résultat industriel nouveau, elle lui accorde en France, moyennant une faible rétribution annuelle, un privilège dont la durée est *fixée* à 15 ans, à une condition, c'est que cette nouveauté ne restera pas stérile pour la société. Elle oblige l'inventeur à la mettre aux prises avec le capital ; elle l'oblige à réaliser son invention.

Est-ce que tous ces caractères de propriété ne se retrouvent pas dans les progrès accomplis dans la culture de la betterave et dans la fabrication du sucre sous l'influence de la loi de 1884 ?

Nous ! cultivateurs et fabricants de sucre, aidés de toutes les forces vives qui gravitent autour de nous, Intelligence, travail. capital, nous avons trouvé le moyen de *mieux faire et de faire plus, c'est un progrès, un pas de plus vers la perfection,* ce progrès est notre propriété et la preuve, c'est que nous pouvons l'annuler, le détruire.

Est-ce parceque ce résultat nouveau a été obtenu par un ensemble d'intelligences, de travaux et d'efforts réunis, qu'il a perdu son caractère de nouveauté et que la collectivité qui l'a produit doit en être dépossédée ?

Est-ce que la loi de 1884 n'a pas prévu ce cas ? Elle n'a pas écrit qu'elle accordait un brevet de 15 ans à tous ceux qui obtiendront un excédent de sucre sur le rendement légal, mais elle a dit : *Les sucres, sirops ou mélasses obtenus dans les fabriques de sucre abonnées en excédent du rendement légal seront assimilés aux sucres libérés d'impôt.*

C'est là le privilège qu'elle accorde aux progrès à réaliser.

Elle a fait plus : imitant jusqu'au bout la loi sur les brevets d'invention, elle a limité la durée de ce privilège jusqu'en 1891, moyennant une redevance annuelle s'augmentant chaque année de 250 gr. par 100 kilog. de betteraves jusqu'en 1891.

La loi de 1884, dans son esprit, dans son texte et dans son but, doit donc être classée parmi les lois protégeant, pendant une durée limitée parfaitement déterminée, le produit de l'intelligence, du travail et du capital.

C'est de la protection par le progrès.

5° Le principe de la protection par le progrès et la théorie du libre-échange.

Donc la loi de 1884 sur les sucres a introduit dans la législation française un principe nouveau :

Le principe de la protection par le progrès.

Une industrie était menacée d'une ruine complète à bref délai par la concurrence étrangère, l'industrie du sucre de betteraves, qui entraînait avec elle la ruine de la culture dans la région sucrière. Il lui fallait une protection, une subvention.

Comment subventionner une industrie avec un budget dont les dépenses sont constamment plus élevées que les recettes.

En Allemagne, on obtenait des betteraves en moyenne à 15 p. 100 de sucre, qui, en fabrication, en donnaient 11 p. 100. En France, les betteraves n'en avaient que 9 à 10, et l'on n'en obtenait que 5 à 6.

La marge était grande pour le progrès.

Malgré de nombreux essais concluants, on soutenait que ce qui se faisait en Allemagne était impossible en France.

Les législateurs français de 1884 eurent la sagesse de tenter l'épreuve. Ils se dirent : La culture de la betterave et l'industrie du sucre doivent disparaître si ces industries ne trouvent pas en elles-mêmes, dans les progrès à réaliser, la subvention qui leur est nécessaire pour vivre, subvention qu'elles ne devront qu'à elles-mêmes, à leurs persévérants efforts vers de nouveaux progrès, aux dépenses nouvelles qu'elles s'imposeront pour les réaliser. — Alors ils introduisirent dans la loi de 1884, comme base de protection, le bénéfice du droit sur l'excédent de sucre produit au-dessus d'un rendement fixé par la loi.

Mais, s'écrient les libres-échangistes, c'est de la protection !

Mais, s'écrient les partisans de toutes les libertés, c'est une atteinte à la liberté des échanges.

Distinguons !

Comment pourrait-on confondre la *protection d'après le libre-échange* avec la protection par le progrès ?

Comment pourrait-on trouver dans cette loi de 1884 les caractères de la protection telle que la définit l'école du libre-échange : « La protection qui demande à tous dans l'intérêt de quelques-uns, la protection qui puise dans la bourse des consommateurs dans l'intérêt de quelques producteurs privilégiés ; la protection qui sacrifie l'intérêt du grand nombre à l'intérêt du petit nombre.

Pendant un temps, alors que les effets désastreux d'une prohibition absolue amenant le fléau des disettes étaient encore vivants dans les souvenirs du passé, des esprits généreux ont pu penser que les moyens d'éviter de pareils maux étaient la liberté absolue des échanges entre les nations. Ce mot de liberté a pu et même a dû s'emparer de tous les esprits comme un principe de science économique.

Pourquoi, disait-on, entraver la libre circulation de toutes les denrées, de tous les produits, grever d'un impôt leur entrée sous le prétexte de protéger le travail national ?

Cette doctrine n'a-t-elle pas été constamment opposée au sucre de betteraves depuis sa naissance ?

Pourquoi, disait-on alors, protéger une industrie, la betterave, qui ne pourra jamais supporter la rivalité de la canne, à charges égales ? C'est le soleil qui fait le sucre, et jamais cette pauvre racine n'arrivera dans son obscurité à la richesse en sucre de la canne.

Or, qu'arrive-t-il aujourd'hui ? C'est que la richesse en sucre de la betterave va sans cesse en augmentant : de 8 p. 100 de sucre à ses débuts, elle arrive à 16 et 18, et la canne, de 18 p. 100 à ses débuts, décline vers 10, et il a fallu moins d'un demi-siècle pour amener ce double résultat.

Que s'est-il donc passé pendant ce temps ?

Un élément nouveau est intervenu dont l'école libre échangiste ne tient pas compte.

Le progrès !!

Non, les lois économiques d'un pays ne doivent pas prendre pour base le bas prix des produits amené momentanément par les éléments naturels alors qu'une nouvelle puissance aidée du temps, le progrès, leur devient supérieure.

Elles ne doivent pas prendre pour base le bas prix des produits amené par les machines, parce que les machines sont perfectibles et qu'il en peut surgir de nouvelles plus parfaites, de nature à modifier les conditions économiques de la production, mais la protection par le progrès.

Elles ne doivent pas prendre pour base le bas prix des produits amené par le bas prix de la main-d'œuvre, c'est-à-dire de la misère, alors que la misère doit disparaître par le progrès.

Non, ce n'est pas le bas prix du blé et autres produits agricoles venus, pour ainsi dire sans efforts, dans les vastes terrains vierges de l'Amérique, qui doit servir de règle à ces produits similaires de notre production nationale.

Pourquoi ? Nous prendrons pour exemple de notre démonstration le blé.

Les statistiques nous apprennent que la production du blé en France est en moyenne d'environ 18 hectolitres à l'hectare.

Cette moyenne se compose de nombres supérieurs et inférieurs, et il est reconnu que les terres qui ne donnent que 20 hectolitres de blé par hectare peuvent arriver à en produire 45 hectolitres. Il y a donc là un grand élément de progrès à réaliser, à favoriser.

La France ne se suffit pas à elle-même pour la consommation du blé ; elle en va chercher chaque année à l'étranger pour environ 150 à 200 millions de francs.

Si les lois économiques, au lieu de prendre pour base l'introduction des produits à bas prix, c'est-à-dire la théorie du libre-échange, prenaient pour but le développement du progrès, on verrait en peu d'années la France produire tout le blé nécessaire à ses besoins, économiser chaque année 150 à 200 millions de francs et devenir rapidement pays d'exportation du blé.

Que faut-il pour cela ?

Une loi sur l'impôt foncier qui soit, comme la loi sur l'impôt du sucre, un instrument de progrès.

Pourquoi ne transformerait-on pas l'impôt foncier sur le produit en blé par hectare ? Est-ce que déjà on n'en admet pas le principe par une classification réglant l'importance de l'impôt foncier sur la valeur productive de la terre ?

Pourquoi ne transformerait-on pas l'impôt sur le vin sur un rendement légal à l'hectare, de manière à donner une prime d'encouragement sur un excédent produit exempt d'impôt ? On verrait bientôt, sous l'influence d'une semblable législation, le phylloxéra disparaître et la production du vin doubler, et bien d'autres produits analogues.

Pourquoi, en un mot, la législation, au lieu de prendre pour base la théorie du libre-échange, ne prendrait-elle pas pour but, à l'imitation de la loi de 1884 sur le sucre, *la protection par le progrès* ? Non pas cette protection qui prélève sur tous dans l'intérêt de quelques-uns, mais cette protection qui ne demande qu'au progrès, c'est-à-dire à ces quatre forces réunies : science, — intelligence, — travail, — capital, — les moyens de mieux faire, de faire plus et à plus bas prix.

Est-ce que la loi de 1884 sur les sucres n'a pas atteint complètement ce résultat, même le sucre à bas prix, c'est-à-dire l'argument principal, en faveur de la théorie du libre-échange ?

Chaque époque a ses principes ou plutôt ses formules économiques.

Le libre-échange a fait son temps.

Voyons donc ce qui se passe aujourd'hui dans le pays où il est né, en Angleterre, qui fut son berceau.

Sous le dernier Empire, on disait : *Allons apprendre toutes les libertés dans la libre Angleterre.*

Aujourd'hui, on peut dire : *Allez apprendre en Angleterre la protection et la manière de s'en servir.*

L'Angleterre qui, autrefois, proclamait la liberté des échanges, la libre circulation des produits entre les nations dans l'intérêt du consommateur, discute, en ce moment, le projet de grever les vins français d'un droit d'entrée, en Angleterre, qui ressemble fort à de la prohibition.

Que fait-elle dans la question des sucres ?

Elle provoque tous les Etats producteurs de sucre à une conférence internationale dans laquelle on doit trouver le moyen de supprimer, dans chaque pays producteur de sucre de betteraves, les primes à l'exportation.

Dans quel but ? Est-ce pour favoriser le consommateur selon les principes du libre-échange ? Oh ! non pas, car les primes profitent en partie au consommateur par l'abaissement du prix du sucre ; tout le monde sait que la conséquence immédiate de l'adoption d'une pareille mesure serait le relèvement du prix du sucre.

C'est dans le but non avoué de protéger ses raffineries et ses colonies à sucre de cannes singulièrement gênées par la concurrence de sucre de betteraves européen.

Comment ! on ose proposer dans une conférence internationale pour protéger les raffineurs anglais et les colonies anglaises aux abois, de supprimer la protection dans les Etats producteurs de sucre de betteraves ?

Là, dans l'ancienne libre Angleterre, dans ce vieux pays de libre discussion au grand jour, des hommes graves, envoyés par diverses nations, se réunissent en secret, à l'imitation des malfaiteurs projetant un crime, discutent à huis-clos, ne laissent rien transpirer de leurs discussions, de leurs délibérations secrètes, signent des protocoles ayant la prétention d'imposer à tous les Etats leurs décisions contraires ou non à leurs intérêts.

Malgré les portes closes, le but de la perfide Albion est éventé, et l'on s'aperçoit un peu tard que la conférence internationale n'a pour but que de *supprimer la protection* dans tous les états producteurs de sucre de betteraves pour *protéger* les raffineurs anglais et les colonies anglaises.

Abolir la protection chez tous pour l'établir chez elle, c'est le coup de maître tenté par l'Angleterre.

Chacun peut comprendre maintenant pourquoi le secret était si nécessaire. ·

6° Les ennemis de la loi de 1884.— Le ministre et l'administration des finances.

La loi de 1884, basée sur un principe nouveau dans la législation française : *La protection par le progrès*, alors que la législation précédente n'avait été qu'une longue entrave au progrès ; cette loi qui devait avoir pour effet la production d'un excédent de sucre indemne d'impôt, alors que la législation précédente admettait pour règle absolue : *aucune parcelle de sucre ne doit échapper à l'impôt.*

Une loi semblable, qui faisait table rase avec le passé, ne pouvait être comprise de tous, même parmi les intéressés. Les uns y virent, comme nous l'avons précédemment démontré, et dans la culture et dans la fabrication du sucre, tout le parti que l'on pouvait en tirer en employant tous les moyens de porter l'excédent légal à son maximum. D'autres n'y virent, dans le domaine agricole, que l'impossibilité de produire des betteraves d'une richesse saccharine plus élevée, et, dans le domaine industriel, une aggravation de leur position présente par une prise en charge au-dessus de leur rendement ordinaire et de nouvelles dépenses à faire sans certitude d'atteindre le but.

Les distillateurs y virent leur matière première, la mélasse, leur échapper en se transformant en sucre et jetèrent de hauts cris.

Le ministre des finances et toute la hiérarchie de ses bureaux, chargés de surveiller l'application de cette loi, ne pouvaient s'accoutumer à l'idée d'enregistrer les excédents produits sous leurs yeux sans avoir le droit d'y toucher.

Alors on vit dès l'année 1886, à l'occasion de la discussion du budget devant les pouvoirs publics, pleuvoir les amendements les plus singuliers dans le but soit de restreindre les excédents, soit de les partager avec l'Etat, soit de les supprimer, c'est-à-dire de détruire la loi de 1884 et d'en annuler les conséquences. En un mot, de violer le contrat de 1884.

Le terrain pouvait paraître propice ; la Chambre des députés venait d'être renouvelée, les anciens et nouveaux venus n'avaient plus présents à l'esprit l'enquête mémorable qui avait précédé et éclairé la loi de 1884. Les études faites, les avis motivés par toutes les assemblées compétentes : sociétés d'agricultures, comices agricoles, chambres d'agriculture, conseillers généraux, cercles sucriers, commissions extra-parlementaires et parlementaires devant lesquelles tous les hommes compétents pour éclairer la question étaient appelés à donner leur avis, tout cela après moins de deux années était oublié; le moment était donc propice pour faire le siège de la loi de 1884.

C'est ce qui fut fait et, après de longues discussions, le 7 juin 1887, le Chambre des députés arriva, enfin, à adopter une nouvelle loi qui augmentait le rendement légal dans une assez grande proportion.

Ce rendement qui avait été porté par la loi de 1884, pour la campagne de 1887 à 1888, à 6 k. 250 gr. de sucre raffiné par 100 kilog. de betteraves, fut porté, pour la même campagne à 7 p. 100 et pour chaque campagne suivante de 250 grammes en plus; de telle sorte qu'en 1890 à 1891 le rendement, qui était fixé par la loi de 1884 à 7 kilog., se trouvait être, d'après la nouvelle loi pour la même date, à 7 k. 750.

Ce changement à la loi de 1884 n'en violait pas les principes, et c'est à ce titre qu'il fut *adopté* de préférence à tous les amendements concernant les excédents.

Mais un petit amendement auquel, dans sa lassitude de cette question des sucres, la Chambre ne fit pas attention, fut adopté sans discussion par assis et levé, et constitua l'article 6 de la nouvelle loi dans les termes suivants :

« Seront admis en décharge, à raison de 14 p. 100 de leur poids, au compte
» des fabricants qui *n'emploieront* pas *le procédé de l'osmose*, les mélasses
» ayant au moins 44 p. 100 de richesse saccharine absolue lorsqu'elles seront
» expédiées en distillerie ou à l'étranger. »

Cet article était une violation flagrante de la loi de 1884; c'était le triomphe de la distillerie revendiquant la mélasse de sucrerie par droit d'usage; c'était une subvention de près de 16 francs par 100 kil. de sucre contenu dans la mélasse donnée à la sucrerie, à la condition de supprimer tout effort vers la perfection des procédés dans le but d'augmenter ses excédents.

Nous disons des procédés, c'est une erreur; il faut dire le *procédé de l'osmose*, seul désigné par la loi par une préférence injustifiée qui faisait à ce procédé l'honneur d'un *ostracisme légal*.

La loi, ainsi adoptée par la Chambre des députés, fut soumise au Sénat.

Ayant passé quinze années de notre existence à développer ce nouveau progrès dans la fabrication du sucre, nous crûmes de notre devoir d'adresser au Sénat une supplique contre l'article 6, dans les termes suivants :

« On dit que le Sénat va sanctionner l'article 6 du projet de loi sur les
» sucres adopté par la Chambre des députés dans un moment de lassitude,
» sans discussion, par assis et levé, qui ne lui a été arraché que par surprise.

» Cet article 6 qui doit avoir pour le progrès dans la fabrication du sucre
» les mêmes effets que les amendements Dellisse et Ribot, rejetés par deux
» fois par la Chambre des députés après discussions approfondies;

» Cet article 6 qui viole les principes de la loi de 1884;

» Cet article 6 qui accorde aux fabricants de sucre une prime de 7 francs
» par 100 kil. de mélasse, c'est-à-dire sur un produit qui ne vaut commer-
» cialement que 9 francs, et qui donne ainsi une prime d'encouragement à la
» paresse, à l'inaction, aussi bien dans la culture que dans la fabrication, et
» se traduit dans les deux cas par une prime de découragement pour tous
» ceux qui veulent améliorer leur culture et leur outillage;

» Cet article 6 qui annule chez les fabricants, confiants dans les engage-

» ments contractés par la loi de 1884, confiants dans les progrès à réaliser
» dans la fabrication du sucre, les nombreuses dépenses faites pour le per-
» fectionnement de leur outillage ;

» Cet article 6 qui ruine tous les industriels qui, autorisés par la loi de
» 1884, ont créé des usines spéciales dans le même but, en immobilisant des
» capitaux considérables ;

» Cet article 6 doit être, on assure, adopté par le Sénat.

» On dit que, comme conséquence de ce vote, les osmogènes seuls visés
» par l'article 6, ces représentants de la science physique et chimique la plus
» élevée appliquée à l'industrie du sucre, vont être mis *sous scellés*.

» Et le Sénat français, composé des plus hautes intelligences choisies dans
» toutes les sciences et dans toutes leurs applications, sanctionnerait une
» pareille doctrine ???

» S'il pouvait en être ainsi, nous lui demanderions de compléter cette
» mesure de prudence en votant que tous les osmogènes soient réunis sur la
» place des exécutions pour en faire un vaste auto-da-fé.

» Alors rapprochant cette date funeste de 1887 de cette autre date funeste
» de 640 où le même esprit provoquait la destruction par le feu de la biblio-
» thèque d'Alexandrie, et de bien d'autres dates où l'esprit de progrès, sous
» la forme de livres, était brûlé sur la place publique par la main du bour-
» reau, l'histoire pourra juger des progrès accomplis depuis ces temps
» néfastes jusqu'à nos jours. « H. LEPLAY. »

Le rapporteur de la Commission nommée par le Sénat, qui n'était autre
que M. Tirard, l'ancien ministre des finances de la loi de 1884, disait dans
son rapport, à l'occasion de cet article : « *Ce qui frappe le plus dans cet article,
c'est que par une contradiction flagrante avec l'esprit de la loi de 1884 ; la prime
de 14 p. 100 ne sera pas accordée aux fabriques les mieux outillées ; c'est une
prime contre le progrès ; il semble, en vérité, que l'on ait peur des conséquences
de la loi de 1884...* Par toutes ces considérations, votre Commission vous
propose le rejet de l'article 6. »

Le ministre des finances d'alors combattit le rejet de cet article 6, par cette
singulière raison que si cet article était rejeté, la loi devrait revenir à la
Chambre des députés, puis peut-être revenir encore au Sénat, et que les
vacances étant proches, ces renvois pourraient les retarder.

Le plaisir des écoliers gagna le Sénat. La loi fut adoptée le 4 juillet 1887,
telle qu'elle avait été votée par la Chambre des députés.

Cette loi était une nouvelle confirmation de la durée de ses engagements et
de leur existence jusqu'en 1891, et donnait de nouveau l'assurance, à l'agriculture et à la fabrication du sucre, de quatre années pour continuer leur
œuvre de progrès avec sécurité.

Il ne devait pas en être ainsi !

A peine la loi du 4 juillet 1887 — dont l'application devait se faire moins
de deux mois après — était-elle votée, qu'il fut question d'une réunion, à
Londres, d'une conférence internationale des sucres, en vue de la suppression des primes d'exportation dans tous les pays de production de sucre de
betteraves.

Tous les pays rivaux de l'industrie française, l'Allemagne surtout, ne pardonnaient pas à la France d'avoir réalisé, en trois années, les progrès que l'Allemagne avait poursuivis pendant plus de quarante années, progrès qui avaient suffi pour empêcher complètement l'introduction du sucre allemand en France. Il fallait arrêter ce concurrent redoutable qui menaçait de dépasser, sous l'influence de sa législation, tous les progrès accomplis dans les autres pays, et l'Allemagne elle-même qui, dans de semblables tentatives d'entente internationale, faites précédemment, avait obstinément refusé son concours, paraissait disposée à se faire représenter à la conférence de Londres.

Le but de la conférence : la suppression des primes, répondait trop bien aux désirs de toute l'Administration des finances pour que le ministre ne se prêtât pas à y envoyer des délégués — cinq délégués furent nommés. On aurait pu croire qu'ils seraient choisis parmi les plus compétents représentants de la culture et de l'industrie. Il n'en fut rien, excepté un seul, un peu fourvoyé dans cette bagarre, qui avait joué un rôle important dans la discussion des lois précédentes et qui, seul, pouvait offrir quelques garanties aux partisans de la loi de 1884 ; tous les autres furent triés sur le volet, appartenant au bâtiment, c'est-à-dire à l'Administration des finances, et parfaitement compétents dans le but à atteindre : la suppression des primes ; la destruction de la loi de 1884.

D'un autre côté, cette question de l'impôt du sucre vint encore se compliquer d'un nouveau projet de loi devant porter un dernier coup à la loi de 1884. Le ministre des finances qui avait présidé à la loi de 1884, qui avait fait le rapport au Sénat sur la loi de 1887 et demandé la suppression de l'article 6, comme contraire aux principes de la loi de 1884 ; par un jeu de bascule trop souvent répété dans nos annales parlementaires, après une première chute était redevenu ministre des finances. On aurait pu croire que, logique avec son rapport, s'il touchait à la loi sur les sucres, ce serait dans le but d'en extirper l'article 6, pour laisser à la loi de 1884 toute la valeur de son principe primitif, qu'il avait si bien défendu devant le Sénat ; bien au contraire, à peine installé, il proposa un nouveau projet de loi, un chef-d'œuvre d'habileté ; voici dans quelles conditions :

La Chambre des députés ayant manifesté sa ferme intention de ne pas créer d'impôts pour faire face aux dépenses allant toujours en augmentant, et d'arriver à mettre le budget en équilibre par de larges économies dans les dépenses ; le moyen d'y arriver n'étant pas trouvé, on inventa, pour satisfaire aux exigences de la Chambre et gagner une majorité, on inventa, disons-nous, un impôt sans être un impôt ; un impôt temporaire, dont on limita la durée à six mois ; l'on augmenta de 10 francs, par 100 kilog., l'impôt sur le sucre quelle que soit sa provenance ou du rendement légal ou de l'*excédent* légal.

L'ancien nouveau ministre des finances proposa de diminuer de 10 francs l'impôt définitif, et d'augmenter de 10 francs l'impôt temporaire ; en d'autres termes, je prélèverai 10 francs par 100 kilogs de sucre sur l'excédent légal : ce sera autant de pris sur l'ennemi ; et comme les besoins d'argent sont pressants, je demande que cette loi soit appliquée aussitôt sa promulgation, et, pour justifier ce tour de passe-passe, le ministre s'appuya sur cette doctrine, empruntée aux bas-fonds de la société : — *Je prends où je trouve sans tenir compte des lois existantes.*

La commission du budget à laquélle cette loi fut renvoyée *eut des scrupules* au moins pour la date de son exécution, qu'elle renvoya au 1er septembre suivant.

« La commission a eu des scrupules, a dit M. le Ministre des Finances en défendant son projet de loi dans la séance du 22 février 1888, que, quant à moi, je n'ai jamais partagés et que je ne partage pas encore!! » Et c'est grâce à cette division de scrupules que ce nouvel attentat contre la loi de 1884 ne fut pas voté et que cette nouvelle spoliation ne fut pas immédiatement consommée.

En présence de ces nouveaux dangers pour la loi de 1884, ce nouveau chef-d'œuvre législatif et la conférence internationale, les intérêts agricoles et industriels, menacés de nouveau dans leur existence, s'émurent et firent appel à leurs défenseurs naturels, qui avaient tant contribué à éclairer les législateurs avant le vote de la loi de 1884 : Chambre syndicale des fabricants de sucre, Sociétés d'agriculture, Chambres de commerce, Comices agricoles, Cercles sucriers se réunirent, délibérèrent, furent unanimes pour demander le maintien de la loi de 1884, en invoquant tous les motifs qui en avaient justifié l'adoption, et envoyèrent leurs délibérations aux ministres, à la Chambre des députés et au Sénat.

Une grande agitation se manifesta parmi les cultivateurs des pays sucriers, des pétitions en faveur de la loi de 1884 se couvrirent de milliers de signatures.

Nous voudrions reproduire ici le texte de ces nombreux documents, quoiqu'ils aient été publiés par les journaux spéciaux : ils mériteraient d'être réunis et leur ensemble mis sous les yeux des pouvoirs législatifs comme la source féconde où ils devraient puiser les connaissances nécessaires à l'inspiration de leurs votes.

Nous espérons qu'une initiative plus autorisée que la nôtre se chargera de cette mission.

Pour faire comprendre combien le danger est grand et permanent, nous nous bornerons à rapporter une réception faite, en mars dernier, par le ministre des Finances, M. Tirard, aux délégués, parmi lesquels se trouvaient des sénateurs et des députés, des Sociétés d'agriculture de Compiègne, de Beauvais, Clermont, Senlis et le Comice agricole de St Quentin, venant lui exposer le péril que faisait courir à l'agriculture et à l'industrie du sucre son nouveau projet de loi.

M. Tirard répondit aux délégués :

« 1° *Que les agriculteurs ne devaient pas garder l'espoir de voir le gouverne-*
» *ment abandonner son projet ;*

» 2° *Qu'ils avaient tort de voir dans la loi de 1884 autre chose qu'une loi de*
» *finance essentiellement revisable chaque année sur l'initiative du Parle-*
» *ment.*

Jusque-là, tout le monde avait cru que la loi de 1884 était une loi de progrès obligeant au progrès et, comme nous l'avons définie, un instrument de progrès.

Tout le monde avait cru que le but principal de cette loi était de sauver l'agriculture et la fabrication du sucre de la ruine.

Tout le monde avait cru que cette loi avait été rendue pour permettre à ces deux sources de prospérité nationale de reprendre des forces pour lutter à armes égales contre l'envahissement du marché français par les sucres étrangers.

On avait cru que cette loi, découvrant la perspective de nouveaux progrès à accomplir, devait ranimer les courages; que les fermes abandonnées allaient reprendre leur culture; que les fabriques de sucre inactives allaient reprendre leurs travaux.

La croyance en la loi nouvelle fut générale, le mouvement vers le progrès fut rapide, 60 millions furent avancés pour en obtenir la réalisation.

Eh bien! Tout le monde s'est trompé, même les législateurs de 1884. Un seul ministre a vu juste : « *C'est à tort, dit-il, de voir dans la loi de 1884 autre* » *chose qu'une loi de finances essentiellement revisable chaque année.* »

Est-ce qu'une loi de finances doit être subordonnée à la prospérité publique et privée. Est-ce qu'un ministre des finances doit examiner si les lois qu'il propose ne vont pas tarir la source de cette prospérité? Est-ce que toutes ces questions ne sont pas étrangères à son ministère?

Est ce qu'un ministre des finances doit attendre ?

Est-ce qu'il doit entrer dans toutes les considérations que l'on fait valoir en faveur des contrats précédemment établis? Que peuvent lui importer les engagements pris antérieurement à sa loi, entre les fabricants de sucre et les cultivateurs ? Est-ce qu'ils doivent entrer en ligne de compte dans sa conduite?

Est-ce qu'il a besoin de jeter un regard en arrière pour examiner si sa loi n'est pas en opposition flagrante avec le principe général de nos lois, qui proclame que les lois ne peuvent avoir d'effet rétroactif?

Je n'ai pas de scrupules, a dit le ministre, ces effets de la conscience ne me hantent pas. La loi de 1884 est une loi de finances; je suis ministre des finances. Les dépenses vont en augmentant, les recettes en diminuant. Il faut combler le déficit, je prends où je trouve; cette loi de 1884, me gêne, je veux la faire disparaître à mon gré et sans aucun retard.

En présence de ces poursuites acharnées du ministre des finances contre la loi de 1884, contrairement à tous ses antécédents, on se demande si le pouvoir ne produit pas le même effet que le mancellinier de donner le vertige à tous ceux qui s'en approchent.

Cet Autocrate ephémère tombait du pouvoir quelques semaines après, et, il faut le constater à la grande satisfaction des intérêts agricoles et industriels de tous les départements sucriers.

7° *Encore deux nouveaux ennemis à combattre : Le projet de loi Tirard et la conférence internationale pour la suppression des primes.*

Le danger n'a pas cessé, le ministre a disparu, mais son projet est resté et la conférence internationale n'est qu'ajournée.

Ces deux épées de Damoclés sont suspendues par un fil sur l'existence de la culture et de la sucrerie de betteraves.

En présence de ce double danger, il ne faut ni repos, ni lassitude, ni découragements, ni quiétude, ni confiance. Il est indispensable que tous les intéressés à l'étude approfondie de cette question de l'impôt du sucre continuent l'agitation commencée, restent sur la brèche, se réunissent, s'organisent, délibèrent, pétitionnent, forment un vaste syndicat dans lequel tous les intérêts en jeu soient représentés et restent en permanence, agissent comme une seule volonté, jusqu'à ce que les pouvoirs législatifs, mieux éclairés, renoncent enfin à jeter constamment le trouble dans les transactions, dans la production et le développement de la richesse publique et privée et acceptent enfin définitivement l'exécution d'un contrat librement consenti par la loi de 1884 jusqu'en 1891.

Au moment du tirage de ce travail, nous apprenons que M. Gerville-Réache, député de la Guadeloupe où l'on ne fait que du sucre de cannes, rapporteur de la loi Tirard, demande qu'elle soit adoptée ; mais il y met cette condition, que ce soit le dernier changement apporté à la loi de 1884 jusqu'en 1891.

Où en est la garantie ?

Cette condition tardive n'est-elle pas le cri d'une conscience troublée en présence des faits accomplis ?

Voilà où conduit l'absence de tout principe dans la confection des lois.

8° *Les responsabilités.*

Si la loi Tirard était votée.

Si par la loi Tirard ou toute autre, on anéantissait l'excédent légal, cette âme du progrès dans la culture et dans la fabrication du sucre de betteraves.

Si par les décisions de la conférence internationale, on rétablissait l'ancienne législation française dont *l'influence néfaste* a paralysé le progrès dans ces deux industries pendant près d'un demi-siècle en France.

Vous ! Electeurs, juges en dernier ressort des actes de vos délégués.

A l'expiration de leur mandat.

Vous pourrez établir la comparaison entre les législateurs de 1884 et les législateurs de 1888. Aux premiers, vous pourrez dire :

Vous avez doté l'agriculture et l'industrie du sucre d'une loi de progrès et de salut, vous êtes des nôtres, comptez sur nous.

Aux derniers vous direz :

Vous avez détruit la loi de progrès et de salut de 1884, vous n'êtes plus des nôtres, éloignez-vous.

TABLE DES MATIÈRES

XVII

XVIII

XIX

126. — IMP. P. DUBREUIL, 18 & 18 BIS, RUE DES MARTYRS.

LABORATOIRE DE CHIMIE

Scientifique, Industrielle et Agricole

114, Faubourg Poissonnière, 114

PARIS

ANALYSE RAISONNÉE

des produits en cours de travail dans la fabrication et le raffinage
des sucres de betteraves et de cannes;
et particulièrement de la mélasse, des produits d'osmose
et d'exosmose au point de vue
de la suppression de la mélasse par l'osmose perfectionnée.

ANALYSES COMMERCIALES

Adresser à M. **Hippolyte LEPLAY**, chimiste :

La correspondance : *104, rue Lafayette, Paris.*

Les échantillons : *114, Faubourg Poissonnière, Paris.*